U0907574

周 蕾著

那些美好女子教会我的事

三毛、香奈儿、林徽因、戴安娜、张爱玲、陆小曼、杜拉斯、张幼仪、赫本……33个传奇女子的人生况味

读她们的故事 绽放自身的美

最具文艺范儿的女性励志随笔

中国纺织出版社

内 容 提 要

古今中外，总有一些美好女子在生命之花凋谢后而灵魂之花灼灼其华。她们是世人眼中的神话，她们勇敢而坚强，她们用自己的美丽和优雅，影响着一代又一代的女人，影响着人们对美丽的追求以及男人对女人的审美标准。

三毛，赫本，张幼仪，戴安娜，林徽因……她们是坚强、柔韧、执着、美丽、优雅、可爱的化身，读她们的故事，便是领略精彩的人生……

图书在版编目（CIP）数据

那些美好女子教会我的事 / 周蕾著. —北京：中国纺织出版社，2015. 4 （2024.1重印）

ISBN 978-7-5180-1130-8

Ⅰ.①那… Ⅱ.①周… Ⅲ.①女性-成功心理-通俗读物 Ⅳ.①B848.4-49

中国版本图书馆CIP数据核字（2014）第237615号

策划编辑：郝珊珊　　　　责任印制：储志伟

中国纺织出版社出版发行

地址：北京市朝阳区百子湾东里A407号楼　邮政编码：100124

销售电话：010—67004422　传真：010—87155801

http：//www.c-textilep.com

E-mail：faxing@c-textilep.com

中国纺织出版社天猫旗舰店

官方微博http：//weibo.com/2119887771

北京兰星球彩色印刷有限公司　　各地新华书店经销

2015年4月第1版　2024年1月第3次印刷

开本：710×1000　1/16　印张：14.5

字数：120千字　定价：48.00元

序　言

有这样一些女人，她们的故事温暖而真实，虽然有美满，也有遗憾，却带给时光同样的芬芳。

读她们的故事，你会更加感受到世界的丰富和多情。时间的长河里，或许每个人都很渺小，但可以庆幸的是，作为一个同类，你可以感受到她们传达给你的生理上或是心理上的能量和感动。

我们的社会在工业化的操作下越发僵硬和失真，这是现代化的荒凉，或许我们不必要像许舜英所说的只能在无机物中发现魅力，因为这个世界曾经出现过的这些人，我们终于有另外一种方式可以从血液的深层共鸣中找到最初的温存。

女人，是本书唯一的关键词。

想起梅艳芳的《女人花》，歌词柔软到让人为之落泪，“花开花谢总是空”“女人如花花似梦”，道出了女人一生的美丽和哀愁，如花一般绚烂美艳，却又如梦一般短暂易逝。“红颜”，是这个世界最刻骨的不了情。

想起严歌苓的《一个女人的史诗》，田苏菲用自己一生的执着谱写了一首属于女人自己的史诗，这是她跟自己的战争，而幸运的是她打赢了这场战争，在这个过程中，战利品倒显得不那么重要了。

而这些勇敢而坚强的女子，则是用自己的美丽和优雅，影响了一代又一代女人对美丽的追求以及男人对女人的审美观，而这种影响势必要继续绵延下去。

柔软，坚强，韧性，执着，美丽，优雅，可爱……

关于女人的形容，甚至让词源学都显得局促。

这个世界，因为女人的存在而变得无比丰富。

朱天文在《世纪末的华丽》里最后一句话说：有一天男人用理论与制度建造的世界将会倒塌，他将以嗅觉和颜色的记忆存活，从这里并与之重建。

谁说男人才是世界的缔造者，读这些故事，我们会惊叹，一个个女人，是怎样用自己不平凡的一生，芬芳了这个世界。

著者

2014年12月

目 录

Part 5 我执我心

——那些偷偷溜走的时光，催老了容颜，却丰盈了灵魂

Part 1

追寻自由

——保持青春的秘诀是保存一个永不停歇的梦

1.1　三毛：生命是一场唯美的流浪

也许，她天性就是无拘无束，受不得半点束缚的，所以，只是因为无意间看到撒哈拉的图片，便心向往之，流浪至此。一个倔强的女子，一个误入人间的精灵，她走遍了万水千山，却不畏羁绊，一如既往地寻找着她自己的快乐。她注定是与众不同的，无论是她的文章还是她的性格，抑或是那段刻骨铭心的爱情……她就是三毛。

她像极了云，变化成随心所欲的模样，她的绚烂、神秘都是天性使然，无论命运之神给予她甜蜜还是凄惨，她都淡然面对。她就像一株长在悬崖峭壁上的仙草，与众不同甚至一意孤行，却又不得不让众人抬头仰望。

少女时期，三毛因忧郁症而休学在家，并跟随顾福生学习绘画，作为三毛的恩师，顾福生虽然不是教育家，但却成功把她领进了文学的世界，打开了她自我封闭的内心世界。也许连她自己都不会想到，文学会造就她非凡的人生。

和其他少女一样，她迎来了初恋。在文化学院她和梁光明展开了一段美妙短促的爱恋，但最终因为她去要西班牙留学而终止，初恋总是美好却又苦涩的。对于爱情，三毛多了一份勇敢，她虽热情却又不失矜持，她虽多情却又不滥情，她虽主动却又不失主见。

之后，三毛远赴西班牙，正是在这里，她遇到了当时还在读书的荷西，也许当时她还不知道这个男人爱她如痴，但圣诞节楼梯间的一个祝福拥抱，仿佛童话般的浪漫邂逅，从此两人注定成为彼此生命里的住客。

荷西说："亲爱的，等我六年，六年后我就娶你。"三毛并没有选择一直和荷西在一起，她没有忘记荷西在马德里的大雪中含泪又故作洒脱挥手告别的场景，她也没有忘记当时荷西一直微笑着。

许是天意安排，抑或是宿命捉弄，在外漂泊的六年里，三毛好像被上帝遗忘了，她的爱情里充满着不同的主人公，她被日籍富商同学追求、被台湾籍博士追求、被外交官的德国同学追求，但她都无法接受——因为这些人给不了她想要的爱。或许，这些缘分使然的错过，只为让她遇见对的人。

于是，她毫无计划地又回到了那个与荷西初次相遇的马德里，而这一切仿佛早已在冥冥中注定。她与荷西不期而遇，而这场相遇于荷西来说却是注定，他等她，一等就是六年。三毛喃喃道：“荷西，我如果说要嫁给你是不是太晚了？”

对三毛而言，荷西一直苦恋了她六年，其实她何尝不也是苦恋了荷西六年？他们用六年时间去寻找，错过，然后再次相遇，这注定不是一段普通平凡的爱情。最终她选择了离她最近的幸福，触手可得的幸福，她将感情寄托在荷西身上，他们在西属撒哈拉沙漠的当地法院登记结婚。

撒哈拉始终是三毛的向往之地，只不过这次她不会独行，荷西会追随而至。事实上，当荷西知道她想去撒哈拉时，就已提前在那里找好工作，也许这世间的爱情大抵如此，只要彼此在身边陪伴，就连那些破旧的家具都被赋予了浓浓的幸福感。

三毛深爱着撒哈拉的一切，无论是它的狂暴，它的平静，还是它的寂静凄寒，它的干旱燥热，她都爱，或许她爱的是身边有他的陪伴。

正是在这个时期，三毛创作了许多感性知性乐趣融为一体的作品，在《撒哈拉的故事》中，三毛记录了她和荷西在一起生活的所有，字里行间充满欢乐、喜悦。仿佛我们和她一起置身于撒哈拉，感受那里的风和沙，感受她和荷西童话般的爱情。

她用才气和爱情装饰着生活，使这个荒凉之地有了人情味儿，她会每天在门口等荷西下班，她会给荷西做各式各样可口的中国菜，她会教邻居的孩子们学习。在撒哈拉，她过着也许是她一生中最快乐的时光，她和荷西仿佛是童话书中走出来的人物，平静、朴实、干净。

这一世三毛都在流浪，为了追寻，为了自由，为了爱情。尽管后来他们搬离了撒哈拉，迁往加纳利群岛，但他们仍在继续着那份纯真的爱情，她依旧善良朴实，爱着荷西。

命运总是变幻莫测的，无论我们是反抗还是顺从，无论我们如何坚强，如何乐观，它总是一次一次地考验我们。

1979年，在他们结婚的第六个年头，荷西于一次潜水工作中发生了意外，永远地离开了三毛。命运也许是在戏弄这对有情人，荷西等了她六年，爱了她十二年，但诀别时却没有跟她说一声再见。荷西带走了她所有的感情，这种对生命的无力感促使她用双手挖着墓地里的泥土，想要亲近荷西的气息。如果有可能，她甚至想跟着他一起去。

思绪不停涌现，她想起那个在楼梯间与她相拥的男孩，想到那个在雪天和她挥手告别的男孩，想到那个苦苦等了她六年的男孩，想到那个和她一起在撒哈拉生活的男孩，那便是属于她的大胡子荷西。

虽然她与众不同，虽然她特立独行，但抛开这一切世人为她贴的标签，她只是一个被深爱的女人和失去爱侣的女人，与荷西生活了六年的美好时光透支了所有的幸福，于是上帝收回了她最爱的人。

她说锁上我的记忆，锁上我的忧伤，不再想你，怎么可能再想你，快乐是禁地，生死之后，找不到进去的钥匙。

荷西死后，三毛的文章慢慢变得“黑暗”，文字里不再有快乐，代替的是苦苦的悲伤，世上只有一个荷西，他走了，带走了唯一一个快乐的三毛。

继续流浪，这是三毛唯一能做的事情，1981年三毛前往南美洲旅行半载，叙写她的所见所闻，走遍万水千山，作为女人她有着男人一般的闯劲和胆识。她感性却又带着理性，智慧与情商并存，即使旅途再劳累，她也始终不忘初心。但终归内心深处还是有不想去触碰，甚至是不敢去触碰的角落，她想念她的荷西，想念那个痴爱她的荷西，想念那个让她刻骨铭心的荷西。

自南美洲旅行回来之后，三毛写成了《万水千山走遍》，在那些仍旧能感觉到丧失爱人痛苦的文字背后，读者仿佛也能依稀看到重拾信心的三毛。

但她的一生实在太过坎坷，上帝对她亦颇有不公，或许是荷西的死对她打击太大，刚刚收拾好心情的她却在此时又被病魔缠住了。1984年，她前往美国接受子宫癌治疗，作为一个女人，她很累，她需要一个可以让她放心依靠寄托的人，然而却没有一个人可以再给她带来荷西带给她的那种感觉，1985年，三毛甚至一度失忆并神经错乱。

1991年，熬过了人生四十余个年头的她被发现在病房内自缢身亡，一个传奇的女子就这样香消玉殒。像云一样，轻轻地、淡淡地、慢慢地消散了，她走了，风轻云淡。

三毛代表了一个特定的时代，我们可以从她的作品里看到那个穿着一身长裙迎风站在撒哈拉沙漠中的女子，我们可以看到那个和荷西朝朝暮暮的女子。喜欢她的人，多是喜欢她的特别，甚至有一段时间流行起了“三毛热”，人们渴望得到三毛那样的爱情，人们憧憬像三毛那样自由流浪。

也许，人的生命不在于长短，而在于是否痛快活过。她的随性，她的率真，她的特别，都值得人们去爱她。她始终是美好的，像云一样随心所欲，她的爱真切而彻骨，让人惋惜的同时却又愈发敬佩。

如果有一天，你遇见了她，不要问她从哪里来，到哪里去，即便是你问了，她也会这样说：“我从来中来，我往去中去。”

1.2 可可·香奈儿：在恒远的时光长廊上

它是世界上第一瓶以设计师名字命名的香水，也是风靡几个世纪魅力却毫无消减的奢侈品，是的，香水的名字是Chanel No 5。它的设计师香奈儿曾说过："一个不喷香水的女人是没有未来的。"

1883年，香奈儿出生在法国一个小城区，她的母亲在她还很小的时候就过世了，正是那一天，香奈儿的一切都被夺走了。不久之后，香奈儿姐妹就被他们的父亲送进了冰冷的孤儿院，任凭她们苦苦哀求，也无法改变命运，这是留在香奈儿记忆里永远无法抹去的悲惨。

正是童年的这段黑色经历，塑造了香奈儿强硬的性格，她像男孩子一般，努力追求自己想要的东西。年纪稍长，香奈儿进了一所修道院，在那里，她学会了缝纫，也学会了沉默和孤寂。

香奈儿开始叫Coco是她在一个城镇里一间酒吧驻唱的时候，她算不上典型的美女，身材消瘦，五官突出，一头又黑又厚的头发在脑后结成一个髻，她的眼睛乌黑却又清澈，仿佛一眼就能读懂别人的心。

她的性格和她的长相一样与众不同，引人注目，慢慢地，香奈儿身边围绕起许多爱慕者，其中不乏有名有利的角色。为了自己所向往的生活，逃离压抑的生存环境，香奈儿选择了艾提安，一个可以让她向上走的男人。

艾提安喜欢香奈儿，如果说香奈儿利用了这一点，一点儿也不为过，她希望逃离那个充满黑色记忆的地方，她想得到肯定，甚至可以说她渴望自己的风格为人们所知，渴望引领潮流。

当一群法国女人穿着华丽而繁复的裙子，裹着令她们呼吸困难的束胸衣时，香奈儿却穿着简单的服装赢得满堂喝彩，当一群女人将头发装饰得像一座山时，香奈儿却用一顶朴素简洁的小礼帽征服全场，虽然那些女人表面上会流露出嘲笑的眼光，但心里却默默地羡慕着。正是这样，香奈儿一点一点地影响着周围人的穿着打扮，慢慢成为潮流。

香奈儿逐渐跻身于上流社会，在这里，她结识了这一生中最重要的男人——鲍伊·卡铂，他们互相爱慕，其实他更像她的知心朋友，鲍伊知道这个年轻的女孩不仅美丽大方，而且有头脑有品位，渴望用自己的双手创造出一片属于她的天地。他帮助香奈儿完成梦想，然而，却迫于压力与一位伯爵千金步入婚礼殿堂。

成全变成了错过，缘分变成了无奈，独留一声叹息。

鲍伊·卡铂自觉有愧，为了弥补香奈儿，他赠予她一家属于她自己的店铺。但在这之后不久，鲍伊就死于一场车祸。为了在圣诞节那天见到香奈儿，他急匆匆地驾驶着自己的车，没想到却死在了自己的车轮下，这也成为香奈儿永远的遗憾，也因此使她变得更加坚强。

香奈儿喜欢简洁的装饰，也常常通过男装激发出新的灵感，她经常穿着“被人嘲笑”的衣服出席各种场所，她把女人的裙子变短，把男人的西装裤改成女式马裤等，没有人会预感到她正在酝酿Coco风格的服装，也没有人知道她正在建立一个经典优雅的“香奈儿时代”——像她的性格一样干练、简洁、严谨的时代。

渐渐地，香奈儿开始引领时尚，第一次世界大战后她成了大赢家，可可·香奈儿的简洁服装变成了女性的首选，欧洲的贵族女性竞相模仿她，针织料套装、水手式衬衫、直筒针织裙等都成为炙手可热的商品。

香奈儿把女人的身体从束缚中解放出来，让她们展示自然体态。她可以从各种物体上找到灵感，设计出自己想要的东西，精简的线条是她永远不变的风格，香奈儿认为青春不需要说出来，而应该被一眼看出来。为了让青春在举手投足间自然流露出来，自然简单实用成了她设计作品时的首要原则。

香奈儿的一生都不缺乏爱情的滋润，她对爱仍充满渴望，但不再奢求拥有。受生命中男人的影响，香奈儿把这些元素都用在自己的设计中，这使她的风格越来越丰富，香奈儿将珠宝运用到服装上，独树一帜的风格也成就了独一无二的香奈儿。

除了时装，她也推出了闻名世界的Chanel No 5香水，5对于香奈儿似乎有着独特的意义，所以她选择5月5日这天推出这款经典香水，购买的人在店铺外彻夜排起了长队，几乎在一天内，Chanel No 5就取代并摧毁了那些传统香水。

收获名利和财富的香奈儿在二战时期暂时关闭了自己的时装店，从这里开始进入了她生命的下一个阶段。“二战”结束后，克里斯汀·迪奥出现在人们视野中，迪奥的新风格与香奈儿格格不入，给香奈儿带来了冲击，香奈儿风格逐渐被人们抛诸脑后。然而香奈儿并没有急于反击，她在等待时机。

等迪奥的新风格也逐渐过了风头，香奈儿知道自己的机会来了，只是，此时的她已不再年轻，但她并没有就此气馁，因为对她来说，这不仅仅意味着东山再起，它还是一次重生。

最终，在无数个日子的努力下，在无数次灵感的碰撞后，“香奈儿风格”重新回归到时装界，受到大众的认可，可可·香奈儿也得以重拾以往的名气。

阳刚的性格，高贵的气质，冷艳的外表以及从不多愁善感的特质让她与众不同。从孤儿院到修女所，从可可到香奈儿品牌，她一次次蜕变，完成自己的梦想，而现在，她终于可以坐在时尚界最高的殿堂里，接受人们的膜拜及追随。

香奈儿的一生都在为自己的事业奋斗，直到最后。1971年，她离开了人世，肉体香消玉殒，但其生命的精魂依旧在她的品牌里延续，谁也不会忘记她所推崇的简约之美，正如她本人一样，简单执着却令人着迷。

香奈儿一生没有结婚，并非她不渴望爱情，也许只是因为她失去了那份勇气，又或许是觉得婚姻阻碍了她前进的脚步，但不能不承认，她擅长从每一个喜欢她的男性身上中找到灵感。

在梦想的道路上她从不退缩，她创造了一个时尚帝国的传奇，创造了一个独一无二的自己。她曾极力想抹掉自己的黑暗过去，一步步打造着不一样的香奈儿。今天，当游人站在香奈儿品牌专柜前，欣赏这些美丽的尤物时，仿佛依稀能看到香奈儿倚靠在窗前，手指间夹着一支香烟，随意拨弄着额头的发丝，嘴角带着一丝浅浅的不易察觉的笑容。

1.3　吕碧城：蝶恋，花未恋

花样的年华，动荡的局势，在时代的更迭处，在世纪的交点里，有一位佳人。她身姿优雅，身量纤纤，仪容秀美，宛若一朵尚且缀着晨露的百合在枝头迎风绽放。

古诗云：北方有佳人，绝世而独立。一顾倾人城，再顾倾人国。而这位佳人，却以她清丽不俗的容貌、温婉内敛的性情、坚若磐石的意志、为人称道的才华让整个时代都为之倾倒。她，是吕碧城。

当别的孩子尚且在坊间闾里嬉戏玩耍、追跑打闹时，12岁的碧城正沉浸在自家书房的小天地里无法自拔。碧城出身书香门第，父亲吕凤歧是光绪三年丁丑科进士，曾出任国史馆协修、玉牒纂修、山西学政（大约相当于今天的省教育厅厅长），家中三万卷的藏书便成了碧城儿时最亲密的伙伴，加上父辈的教导，家庭的熏陶，碧城从小便被赋予了不同于寻常人家儿女而专属于文人的傲骨，她稚嫩的眉眼间，自有一股巾帼不让须眉的英气。

正如她12岁时作的那首诗一般：辽海功名，恨不到青闺儿女，剩一腔毫兴，写入丹青闲寄。

吕碧城的才华在她还是孩提时就已初露锋芒，想来也不负“近三百年来最后一位女词人”的美名。当有人告诉当时的诗论大家樊增祥，“夜雨谈兵，春风说剑”是一个12岁少女的作品时，樊增祥惊讶得半天说不出话来。本以为如此荡气回肠的诗句必定是铁骨铮铮的硬汉所作，不想却出自一个待字闺中的小儿女之手。

但如果碧城仅仅如此而已，那么她不过是才女，情到之处舞文弄墨，游戏文字，她能得到人们的欣赏，却赢不来人们的尊重。然而仅仅时隔一年，当命运之神开始向小碧城展露出人生狰狞的一面时，也偷偷地在背后为这个看似柔弱实则倔强的女孩子准备好了橄榄枝。

1896年，13岁的碧城被命运之手硬生生地从无忧无虑的童年生活中抽离出来，幸福戛然而止，残酷迎面而来。父亲的去世给了这个没有男丁的家庭以沉重一击，往常兄友弟恭、夫义妻贤的族人们突然变了脸色，一个个都想着怎样从这孤儿寡母的手中争夺家产，他们为此甚至不惜唆使歹人将碧城的母亲挟持。

13岁的碧城突然明白这世界上除了诗词歌赋、风花雪月之外还有钩心斗角、权谋钻营。没有了父母的庇护，还有谁值得信任，还有谁可以依赖？也正是祖祖辈辈书香门第的熏陶，深埋在小女孩心里的那股清傲之气突然之间就喷薄了出来。

困苦之时，哀怨啼哭不过是小儿女的惺惺作态，难不成要学黛玉作司马牛之叹？黛玉固然惹人怜爱，但若无人怜惜之时又该如何？艰难困苦之时，她所能依仗的，不过是自己的一双手一颗心罢了。

当族人们忙着争名夺利之时，小小的碧城正在书房里奋笔疾书，她向父亲的朋友和学生们写求救信，用自己情真意切的文字向他们求援，其中包括时任江宁布政使、两江总督的樊增祥。终于，官府迫于压力放了她母亲，事情终如吕碧城所愿，得到了圆满解决。

吕碧城小小年纪却如此精明能干，毫无疑问地成了街谈坊议的对象，这本是件好事，但在那个女子无才便是德的年代，邻里间的议论，让本与吕碧城有婚约在先的汪姓乡绅心生嫌隙，匆匆退了婚。

退婚在那个年代，不仅是女子自己的奇耻大辱，也让整个家族蒙尘，少女心头悸动的花朵尚未来得及开放便被寒冬冻得失了颜色，年少时的多舛，教会了碧城隐忍与坚强。

失去了一家之主的依仗，母亲不得不带着年幼的碧城投奔于舅父严凤笙门下。失去了父亲的庇护，又过着寄人篱下的生活，吕碧城依然坚韧地成长着，像极了路边的小苗，正因为没有养尊处优的地位，没有准备好的水与肥料，所以更要拼了命地生长。她昂起头，去接受阳光的照耀，根深扎向下，不放过哪怕石缝土块间的水分与营养。那些苦难与艰难磨砺着她，也成就了她。

21岁时，吕碧城虽然每天在家过着安宁的闺秀生活，却也敏锐地感受到了时代前进的步伐，欧风美雨在这个倔强的少女的心头掀起了轩然大波，碧城决定去天津探访女学，她想去看看如今的世界到底是什么模样，想去看看时代的车轮将要去向何方。

然而她的这个想法却受到了舅父的苛责，在舅父看来，吕碧城在家“恪守妇道”才是正经事。舅父的苛责气走了21岁年轻气盛的少女，也因此成就了碧城后来传奇的一生。

身无分文的吕碧城仅凭一腔热血踏上了开往天津的火车。在经历丧父之痛、亲友冷漠与疏离之后，这个女孩子难得一见地被这个世界温柔对待。

火车上与天津佛照旅馆善良的老板娘的相遇，使得她在陌生城市有了暂时的容身之地，而阴差阳错被《大公报》总编辑英敛之看到的求助信又给了她一个足以展现自我的平台。从《大公报》实习编辑做起，碧城一步步向前，在当时那个男性占绝对主导的世界里，她靠自己的灵心一点、妙笔一辉，在男权的世界里勾勒出一幅绝美的女性剪影。

她的文字，笔锋犀利，一针见血，并不夸饰张扬，字里行间隐隐透露着女子独有的细腻情怀。碧城的秀外慧中，不仅让当时的男子为之倾倒，就连女子亦是忍不住为之侧目。

1904年，同样作为奇女子的秋瑾慕名前来拜会比自己小7岁的碧城，两人虽然仅仅相处四天，却一见如故，秋瑾亦改名为碧城，文学界一时间流传着“南北两碧城”的美谈。

碧城在《大公报》就职期间，一刻不曾停下自己的笔，她以自己的笔杆为枪，对封建男权社会口诛笔伐，提倡女权，鼓励妇女解放，推动妇女运动的发展。此时的吕碧城不仅仅是一个作者，一个理论家，她还是一个践行者，一个实干家。

1904年，在英敛之的推荐、袁世凯的支持下，她在天津创办了北洋女子公学，碧城出任总教习，两年后，学校增设师范科，改名为北洋女子师范学堂，这样，年仅23岁的她成为女学的校长，她以自己为典范，向学生们展示着如何在花一般的年纪活出最美丽的风采。

许多中国杰出的女性革命家、艺术家、教育家，如著名女作家丁玲等，曾经是吕碧城的学生。碧城创立的女学就如同一朵蒲公英，她们在最纷乱的世界里活出最纯白的色彩，她们成长着，进步着，有朝一日成熟了，风一吹，便化为千万朵飞絮飘飘扬扬地飞向天南海北，像是一粒粒希望的种子撒向了肥沃的原野，正所谓“星星之火，可以燎原”。

碧城自此一路向前，甚至成了幸运之都“新华宫”的大总统机要秘书。值得一提的是，碧城此时正是如日中天，追捧倾慕者无数，其中不乏达官显贵，如袁世凯之子袁寒云、李鸿章之子李经羲等都争相献诗迎合，碧城却丝毫不为所动，仍旧待字闺中，时人都说她过于清高孤傲，等闲人入不了她的眼。

其实，碧城的要求确实是不低的，要说追名逐利，富贵荣华，她若愿要，又有何难，唯独这心与心的契合，文学造诣间的心意相通，纷杂俗世间的相知相守，要想拥有却谈何容易。碧城曾与好友畅谈，谓平生称心的男子实在太少，本有心梁启超和汪精卫，孰知一个年纪太老，一个则太少，终究不是自己等待的良人。

而随着袁世凯称帝野心的逐渐暴露，碧城毅然决然地抽身而去，仿佛那天边的白鸽，天地之大，任我遨游。

她先是来到上海滩，尝试商业贸易，凭着自己敏锐的商业嗅觉，碧城成功地在两三年之内聚敛了可观的财富。然而，当金钱遇到这样一个不为政治和男人所困扰的女子，又怎么会成为她的羁绊?

虽无良人在侧，却也不能妨碍碧城独自美丽下去。她住洋房，乘汽车，穿上晚礼服翩翩起舞，碧城自顾自地去尝试和体验着生命中她想拥有的每一件事情。正当人们惊叹于她的雍容华美时，碧城倏而又转身而去，离开了自己熟悉的上海滩，来到了美国哥伦比亚大学攻读文学与美术。

不久之后，机缘巧合，碧城在遥远的异国他乡寻到了自己的信仰。经历了几十年的大风大浪，见惯了人世间的悲欢离合，拥有信仰的碧城是幸运的，她的情思，她的感慨，她的欲语还休终于有了一个安放之处，半辈子的风雨飘摇，碧城无人可寄的心总算是落在了实地，平静而安宁。

1930年，48岁的吕碧城正式皈依佛门，成为在家居士，法名“曼智”。1943年1月24日，吕碧城在香港逝世，享年61岁。遵照她的遗嘱，不留尸骨，火化成灰后将骨灰和面为丸，投掷于南中国海。

吕碧城的一生，有过艰难时的挣扎，亦有过辉煌时的不羁与潇洒，待繁华落尽，铅华尽洗，真淳方显。碧城一生的追求者无数，却始终没有一人能赶上她的步伐。是因为他们都不明白，碧城自己也是一名追逐者，她的一生都是在逐心而行，她亦穷尽一生找寻与自己心意相通的良人而不得，正恍如那一夜春梦，了无痕迹。

1.4　奥普拉：荒原上的碎梦

她是来自荒原上的精灵，她是夜空最璀璨的星星，她曾是生于黑暗时代的黑人姑娘，她又是全美家喻户晓的精神寄托。

那年冬天，一颗黑色的珍珠降临在密西西比的科休斯科小镇。她的父母，为这颗晶莹剔透的珍珠赋予了一个来自《圣经》的美丽名字——奥普拉。

尽管是取自那遥远传说中一个身份卑微的女子的名字，但她的人生却一点也不卑微。她的确是来自荒原，因为她童年经历的苦难是那样繁多。

奥普拉的母亲未婚先孕，生下她后，父亲和母亲便分道扬镳。可怜的小女孩只能由外祖母独自抚养长大，可是，磨难接踵而至。9岁那年，小小的奥普拉还只是一个懵懵懂懂的孩子，却惨遭堂兄的侮辱强奸；14岁，正值豆蔻年华，本该在阳光雨露下茁壮成长的年纪，她却已为人母，而她的孩子却在出生后不几天便夭折……生命之花尚未完全开放就遭到现实风霜的打击，这还只是一位少女，就在此芳华承受着如此之多的生命苦难。

她曾一度想过自杀，也一味沉沦于自甘堕落的境地。当她幼小的身躯被海水淹没时，当她随着已经去世的孩子而死的心触碰到冰冷的海水时，她颤抖了。她奔回海滩，跪在上帝面前哭泣。

她不愿让自己年幼的生命溶进这无声的海水，她哭了，因为这里的每一朵浪花都不再能编织她飞扬的裙角，每一朵浪花都是她的心碎。她最终没有放弃生命，但却看不到未来的模样，所以，她只能继续和伙伴们鬼混：抽烟、吸毒、喝酒，越陷越深……

她在生命的大染缸里浸泡着，散发出绝望的味道。她的母亲对自己的女儿也颇有微词，对她同样失望，于是将她推入那无底的罪恶深渊——青少年管教所，想以此摆脱自己应有的责任和义务。

也许，连上帝都不忍心看着这样一个美丽可爱的生命走向毁灭，所以没有使母亲的打算如愿以偿：少管所人满为患，无法继续接受新的成员。在看似毫无希望，在自己儿时的梦想开始像秋天的花朵一样在荒原上一瓣一瓣凋零的时候，幸运之神似乎才第一次垂青这个女孩。

对奥普拉来说，14岁是艰难的一年，她终日沉沦，萎靡不振；但14岁又是幸福的一年，因为在走过人生的十四个春夏秋冬后她才第一次见到父亲的模样。那是一张既熟悉又陌生的面庞，她曾心心念念魂牵梦萦了那么久，这个英俊的男人才终于来到她的身旁。

当面对这个男人时，她困惑了，大大的眼睛、宽广的额头、脸上带着温和善意的微笑，明明有很多相似的地方，可是奥普拉依旧不敢相信，这个有教养的英俊的绅士真的是他的父亲吗？带着未知，他走进了她的世界。

佑护人，这个词用来形容父亲对她的意义再合适不过，是他拯救了自己的女儿。奥普拉每每回忆起改变她一生的14岁那年夏天都会不无动情地说："父亲救了我的命，如果不是他当年对我的严格要求，我现在恐怕就是一个身后拖着一群孩子的家庭主妇了。"

诚然，改变是艰难的，蜕变是苦难的，特别是对她这样一只"劣质蚕茧"来说，想要化身蹁跹的蝴蝶更是难上加难。从未谋面的继母同样是个"厉害角色"。14岁时住进父亲家时，继母首先向她"开刀"，她规定了奥普拉每天的学习任务，如果不能按时完成就不许她吃饭。

本以为会站在自己这边的父亲却和继母一唱一和，他们的执着让人敬畏，他们甚至还为奥普拉制订了翔实的学习计划和教育大纲，在大纲的基础上指导和构建奥普拉的成长。读书，读书，再读书，她的生活每天都被精神食粮充斥着，每天认认真真完成继母布置的作业后，还要赶紧满足父亲的要求，写读书笔记。

天道酬勤我勤奋，奥利佛在父亲这里开始了改头换面。先是在学校的戏剧俱乐部小试身手，获得了朗诵比赛的一等奖，后来她又在父亲和继母的鼓励下，参加了在费城举行的有一万多名会员参加的演讲比赛。而在这次比赛中，奥普拉凭借一篇《黑人，宪法与美国》独占鳌头，获得了1000美元的奖学金。

在光环和奖金的刺激下，奥普拉开始苏醒，原来靠讲演也可以赚钱。这个时期的比赛经历为她后来的脱口秀功底积累了最原始的经验财富。她蜕变和成功的速度越来越快，彻底告别了放荡不羁的年少时光，从此洋溢着澎湃的激情，靠那张能说会道的嘴巴开始为自己打拼天下。17岁时，她已成为万人瞩目的“纳斯威尔防火小姐”，同年，她又赢得了“田纳西黑人小姐”的桂冠。18岁时，她进入田纳西州州立大学深造，主修演讲和戏剧学课程。

每一个少女都会在花季的大学时代以各种姿态盛开生命之花：或依偎于恋人的怀抱，或与三五好姐妹闲时漫步于纽约时尚广场第五大道，或倾心于各种公益事业……而奥普拉却没有选择普通女孩子所选择的寻常道路，对她来说，最受吸引的是自己从小就展露出较高天赋的播音主持。

直到成年后的很多年，她依然记得自己首次演讲的经历：那是她3岁那年的初夏。在阿瑟木教堂做见证时，她毫不费力地惟妙惟肖地模仿外祖母，讲述耶稣复活的故事。奥普拉至今都为此感谢上帝，她没有被赋予显贵的出身，没有美好的童年，没有父母的呵护和华丽的纱裙，但是，自从她那还不满4岁的稚嫩的嘴里发出天籁时，她就再也无法停止追寻梦想。

在大学时，奥普拉的名字就已随着各种活动飘出了象牙塔，也有很多传媒公司向她表示了好感，其中不乏CBS（哥伦比亚广播公司）这样的业界巨擘，但却被奥普拉莫名其妙地拒绝了。后来，她的讲演课老师实在看不下去，找她谈话，提醒道："你可知道，很多人选择这个专业的目的也不过是为了能在CBS那样的公司占有一席之地啊！"

老师的点拨让奥普拉醍醐灌顶，于是，她决定去CBS锻炼自己。而从她走进CBS大门的这天开始，就再也没有人能把这扇门关上。

1973年，年仅19岁的奥普拉小姐成为WTVF（纳什维尔电视台）最年轻的主播，而她此刻的身份，仅仅是一名大学二年级的学生。对于20世纪70年代的美国来说，电视台基本是男主播的天下，妇女在电视台可谓凤毛麟角，更别说是黑人妇女了。

即使到了80年代，美国的传媒界依然少有女性的身影和声音。当时，以为著名的男主播就说："女人不适合播新闻，因为她们的声音不具备可信度，听起来就像街头巷尾的闲谈。”虽然言谈尽显讽刺和调侃，但却真实地反映了当时美国社会的状态。但是这一切于奥普拉来说，都是无所谓的，在她看来变的只有时代和观众的看法，不变的却是她坚定的信念。

1977年，23岁的她以联合主持人的身份出现在WJZ-TV一档名为《人们在说话》的脱口秀节目中，节目一经播出，收视率便一路飙升，超过同行名嘴菲尔·当纳的节目。

在东部地区的名声大噪，并没有让奥普拉就此止步。在制片人的引荐下，她将自己节目的录像带寄给了ABC（美国广播公司）的芝加哥分部WLS-TV，录像带寄出去不久，奥普拉就收到了该电视台管理层向她抛来的橄榄枝。

从最初的小试牛刀，到后来的崭露头角，再到最后的大红大紫，奥普拉的成功是那样短促，她用仅仅几年的时间完成了从丑小鸭到白天鹅的转变，从此用几十年的时间为全美观众制造着欢乐。在她身上，凝聚了太多的平凡和伟大，坎坷与光荣。以至于她成为了美国梦的最好阐释。

她的节目越做越火，她的身价一路飙升，当人们得知奥普拉成为美国第一位黑人亿万富翁的时候，各种议论也纷纷传开。有人说奥普拉是幸运的，还有人说是美国大时代成全了她。凡此种种，倒不如说她的成功源自于那段来自荒原的惨痛经历和她对梦想的坚持更具有说服力。作为一名黑人女性，奥普拉走到福布斯排行榜女性富人排行榜之首，顶上这样的光环，来自于她的坚守，她的温婉谦和与智慧。

奥普拉确实有“化腐朽为神奇”的能力，不过魔幻之处不在手指而出自嘴巴，曾有人好奇地问，你每次为节目准备多少问题，她回答道：“我从来不准备问题，我只是坐在那里和人聊天。”

在她看来，与别人沟通的最好办法便是怀揣着一颗柔软的心去倾听他们的酸甜苦辣的故事。而她与生俱来的敏锐洞察力又令她有如潜伏在人体内的“蛔虫”，这让她能恰如其分地捕捉到谈话中最吸引人的焦点，提出极具针对性的问题。

在奥普拉的谈话节目中，迈克尔·杰克逊轻轻吐露那并不快乐的童年；茱莉亚·罗伯茨毫无芥蒂地讲述自己的家庭琐事；就连一贯严肃的美国总统奥巴马都会流露出温情的一面……她总能用自己的真诚让嘉宾打开话匣子，实在不行她就以自己的心里话作为“交换”来让嘉宾滔滔不绝地说起来。

但奥普拉最为令人动容的，是对于世界观众的诚挚。直播间里面她面对的只是某一位或某几位嘉宾和上百位观众，而借由那几台摄像机和无线电波，她的音容笑貌就传遍了全世界。她说起过自己名字的来源，谈到了对父亲的感激，更回忆过早年经受的种种苦难。这些在别的主持人看来嗤之以鼻的行为却使奥普拉成为美国电视史上的传奇。

奥普拉曾说，我和别人没有什么不同，只不过是我穿的鞋子贵了一点而已。是的，谁也不能否认她现在漫步在全世界最昂贵的红毯上的高跟鞋曾走过最为漫长的荆棘之路。

1.5 蒋碧薇：时光未央，诉离殇

徐悲鸿的画作中不乏以女性为主题创作的，这些女性，都跟徐悲鸿的一生有着密不可分的关系。在这些画作中，有一幅画——《蒋碧薇女士》，以7280万元的拍卖价格创造了徐悲鸿油画拍卖的纪录。

画中的女子，温婉大方，隽永静立，画笔细腻深情，透过这幅画，我们好像可以看到画家是带着何其怜惜的爱去创作的这幅画，又是以何其深沉的感情去爱着这个画中的女子。

蒋碧薇，不仅创造了徐悲鸿油画拍卖的纪录，也是徐悲鸿人生中浓墨重彩、挥之不去的一笔。

蒋碧薇，原名蒋棠珍，碧薇这两个字，是徐悲鸿为她起的。蒋碧薇欣然接受，给自己的名字加以爱人的衷心，对蒋碧薇来说，是一件浪漫和温雅的事。可她没想到的是，徐悲鸿不止给了她一个名字，也不止给了她一次伤心。

1898年4月9日，蒋碧薇出生于江苏宜兴，蒋碧薇的父亲蒋梅笙是当地的名士，蒋家也是当地的望族，蒋碧薇13岁时，在父母之命、媒妁之言的环境下，她被许给了门当户对的查家。如果没有徐悲鸿的出现，蒋碧薇的一生将会顺着父母的意愿，平淡无波地走下去，不会在人们心里留下任何影子。

可是，徐悲鸿终究还是出现了，就像是一场命定的劫难，但这劫难到来的时候，蒋碧薇却是满心的欢喜。

彼时，徐悲鸿常去拜访蒋碧薇的父亲蒋梅笙，一来二去，两个年轻人相识了。在18岁的蒋碧薇眼里，徐悲鸿是那样高大，那样让她欣喜，那种感觉就像张爱玲所说的："低到尘埃里，却在尘埃里开出一朵花。"

在蒋碧薇心中，徐悲鸿是上进的，是英俊的，是潇洒的，是有才华的，是她所倾心的。蒋梅笙时常在蒋碧薇面前夸赞徐悲鸿，慧眼识英雄的蒋梅笙，时常叹息自己没有第二个女儿可以许配给徐悲鸿，却没想到自己的女儿蒋碧薇早已暗许芳心。

礼教的牵绊，成了徐悲鸿和蒋碧薇之间最难跨越的一道坎，这道坎是蒋碧薇的婚约，名门望族的蒋家，如何能让女儿悔婚？两个青年人之间的纠葛，恰似王实甫的《西厢记》，一方面是封建礼教的束缚，一方面是难以拒绝的相爱。最终，蒋碧薇还是选择了爱情，选择了徐悲鸿。

一个深夜，天空带着如画的浓黑墨意，月亮因为爱情而掩盖了柔和的光芒，徐悲鸿带着蒋碧薇私奔了。蒋碧薇心里是忐忑的，是不安的，是愧疚的，但牵着徐悲鸿的手，她相信眼前这个男人会带给自己幸福。

两人连夜乘轮渡去了日本，蒋碧薇留下了一张便条，匆匆别家。得知女儿私奔的蒋梅笙又是生气无奈，又是暗自庆幸。他气女儿的不知礼数，无奈如何向查家交代，却也庆幸带女儿走的是自己欣赏的徐悲鸿。最后，蒋梅笙只好给女儿办了一场丧事，退了她和查家的婚事。

这场丧事虽是假的，但却埋葬了蒋碧薇衣食无忧的生活，埋葬了蒋碧薇蒋家大小姐的身份，初来日本的蒋碧薇跟随徐悲鸿，开始了磨难的生活历程，开始了柴米油盐的贫苦生活。

在日本，徐悲鸿和蒋碧薇住在一个叫“下宿”的旅馆，条件简陋，远非蒋碧薇从前的锦衣玉食。当时的徐悲鸿，仅仅是一个名不见经传的书生，连画家都谈不上。但他却疯狂地迷恋艺术，迷恋日本画，往往花尽生活的费用，只为了买自己喜欢的画作。

艺术家的疯狂，让蒋碧薇只能跟着徐悲鸿过着窘迫的日子，原本年轻漂亮的深闺小姐，再没钱买新的衣服鞋子，没过半年，两个人的积蓄便全部花光了，走投无路的两个人只得回国，求助蒋梅笙。

回国后的蒋碧薇，遭受了许多舆论的攻击，在当时那个传统而封建的社会，像蒋碧薇一样与人私奔的女子，注定要受到人们的谴责。好在蒋梅笙并不是一个迂腐不化的老人，他选择了包容。蒋碧薇和徐悲鸿重新感受到了家庭的温暖，从走投无路的困境中摆脱出来。这时，在康有为的帮助下，徐悲鸿得到官费留学法国的名额，蒋碧薇再次跟随徐悲鸿到法国。

1919年3月20日，徐悲鸿和蒋碧薇到达了巴黎，蒋碧薇原本以为有了学费的保障，两个人能够平顺地生活下去，却没想到国内的战乱，导致徐悲鸿的官费迟迟未发，两个人再次面临饥寒交迫的地步。

蒋碧薇决定到中国驻巴黎领事馆的官员家去借钱，但出身名门的她又总是开不了口，她从未面临过如此窘迫的局面，最后还是空手回到了家里。回家后的蒋碧薇非常懊恼，徐悲鸿抱着蒋碧薇，两个人无言以对，度过了寒冷的一晚。

不同于鲁迅先生所写的《伤逝》，像娜拉般出走的蒋碧薇，并没有面临子君一样的情感冲突。徐悲鸿和蒋碧薇，在生活的困苦下，仍然是相爱的。

蒋碧薇对徐悲鸿的爱，早已是妻子对丈夫的爱，她愿意陪着他走过寒冬，愿意陪着他走过风霜，蒋碧薇把自己所有的青春年华，奉献给了徐悲鸿，尽管徐悲鸿没有带给她生活上的物质满足，尽管徐悲鸿并没有像一个男人一样担起家庭的责任。

但蒋碧薇始终不离不弃，她相信徐悲鸿，就像相信自己，就像相信爱情。

在生活最困难的时候，两个人携手渡过了生活的劫难，却没想到，在春天之时，两个人竟然迎来了感情的寒冬。

1927年10月，蒋碧薇和学成归来的徐悲鸿一起回到了祖国。

此时的徐悲鸿，终于得到了外界的认可，他接受了南京中央大学的聘书，每个月都有相当丰厚的薪金。同时，徐悲鸿还积极参加田汉组织的南国社。越来越忙碌的徐悲鸿跟蒋碧薇相处的时间越来越少。1930年，蒋碧薇回老家处理事务，因为事务繁冗，接近一年没有回到南京。两个人之间的感情终于因为聚少离多出现了裂痕。

1931年，管不住自己心的徐悲鸿，用最后的理智给蒋碧薇写了一封信："碧薇，你来南京吧，你再不来的话，我会爱上别人的。"这时的徐悲鸿，为一个叫作孙韵君的女学生动了心。孙韵君，又名孙多慈，多慈这个名字是徐悲鸿给她起的。一样的温柔，一样的幸福，一样的缱绻，只是，这一次，徐悲鸿的爱人不再是蒋碧薇。

压倒蒋碧薇的最后一根稻草是徐悲鸿为孙韵君作的画。蒋碧薇看到了那幅饱含深情的《台城月夜》，月光很美，曾经见证了无数个徐悲鸿和蒋碧薇的夜晚，月光何其公平，让人心碎，又让人甜蜜。一样是作画，这一次，徐悲鸿不再是为蒋碧薇而作。

气愤的蒋碧薇把《台城月夜》搬走了，并且声明，永远不会让这幅画面世。后来，蒋碧薇在徐悲鸿去世后，坦言自己并没有把这幅画销毁，而是藏在了家里，岁月侵蚀，白蚁横生，这幅画被摧毁了，虽然蒋碧薇多次修补，但是那幅画却再也不复当年的光彩了。

搬走《台城月夜》的蒋碧薇是赌气的，是嫉妒的，是任性的，但那是因为爱，蒋碧薇爱着徐悲鸿，所以即便徐悲鸿为另一个女人作画，她也不忍心把那幅画毁掉。

负气，总是一个人先辜负，另一个人才会赌气。徐悲鸿为了娶孙韵君，在《广西日报》上刊登了一则信息，其中有一句话，让蒋碧薇悲痛欲绝，徐悲鸿爱着孙韵君，但这爱是以蒋碧薇的自尊为代价的。那句话是这样说的："我和蒋碧薇解除非法同居关系。"

原来，这么多年的相守相伴，不过换来一句话"非法同居"。原来一个人执着的，不放的，坚持的，珍惜的，真的会被另一个人视如草芥。

蒋碧薇不再爱徐悲鸿了，她和一直追求她的张道藩亲近了起来，蒋碧薇的自尊不能允许她像一个青春迟暮的人一样为爱舍弃剩余的生命，也不会允许她接受爱人对自己的不纯不忠。

后来，徐悲鸿没能跟孙韵君在一起，转而去找蒋碧薇，蒋碧薇以一个高雅的姿态转身："假如你和孙韵君决裂，这个家的门随时向你敞开。但倘若是因为人家抛弃你，结婚了，或死了，你回到我这里，对不起，我绝不接收。"

蒋碧薇的爱，始终高贵，无论是对徐悲鸿还是对张道藩，她都无怨无悔，在他们困苦的时候相陪，当他们离她远去的时候，蒋碧薇便不再纠缠，她不乞求，也不会为难自己，蒋碧薇明白，与其执着，不如放手。故而，当张道藩抛弃蒋碧薇的时候，她依旧不做纠缠。

徐悲鸿为了廖静文又一次登报，宣布自己和蒋碧薇解除同居关系。这一次，蒋碧薇向徐悲鸿索要一百幅画，为了自己的青春，为了自己的尊严。徐悲鸿同意了蒋碧薇的要求，他知道，终究是他欠她的多，并且多给了蒋碧薇一副她最喜欢的画——《琴课》。一直到蒋碧薇去世的那天，这幅《琴课》还悬挂在蒋碧薇的卧室。

一个女子，活得如此高贵，不仅是自尊心的原因，更是因为，她对爱情，一贯的纯粹，一贯的执着。

1.6 邓肯：跳舞穿过晨曦中的花园

匆忙而短暂的一生中，只有真的热爱生活、尊重生命的人，才能在浮躁的世界里给我们留下不忍割舍的美好。总有一些心思细密、活泼动人的女子，如同一道明媚的阳光，照耀着厚重的土地，仿佛能让众多的生命在这里发芽生长，给茫茫世间带来活力与生机。

伊莎多拉·邓肯便是这样一位永远焕发着生命力的女性。诞生于19世纪末的大都市，她像一只可爱的精灵，飘飘忽忽地落入了凡间，坠落的那一刻，所有的花草蝴蝶都为之让路。

那薄如蝉翼的翅膀和轻盈曼妙的身段，任谁看了，都会发出惊人的赞叹，是怎样的巢穴，竟孕育出如此动人的女子？凭着超凡的天分和领悟力，她在舞蹈中寻求着生命的真谛，也将全新的态度和理念带入了世间。

家庭不幸的女子，往往都能在成长过程中变成寻求自由和解放的独立女性，邓肯亦是如此。在她出生之时，父母已经离婚，母亲除了工作赚钱，还要照顾她和两个哥哥和一个姐姐的生活，日子过得十分清贫。而年幼的邓肯就能发挥自己的机灵与美貌的优势，去向面包店的老板讨一点吃的，并让他们继续赊账。可爱的小女孩前来恳求，谁又能忍心让她挨饿呢?

除了利用天真的眼神来求得安慰，小邓肯更懂得自食其力的重要，谁能想到，一个只有6岁的小姑娘，竟然开办了自己的“舞蹈学校”？做音乐教师的母亲给了她天生的灵气和自信，从小经受的苦难和磨炼也让她比同龄人多了几分成熟和稳重。街坊的孩子们想要学习跳舞，她就把他们召集起来，自己做老师。有母亲的琴声帮助，她的学校真的办了下来，拿着自己做老师带来的收入，她的笑容更加灿烂。

后来，她被送到芭蕾舞学校学习，可在看到老师踮起脚尖时，她却坚定地不再学习，因为她认为这非但不美，而且是束缚了身体的枷锁，年轻的邓肯开始反对僵化的舞蹈模式，要以自身的曲线来诠释生命的美丽。

凭借着这样的才情与自信，她在11岁那年就迎来了自己的初恋。此时她已是一位小有名气的舞蹈老师，她的学生中，出现了一位帅气的药剂师，虽然还是个孩子，但她还是狂热地爱上了他，她费尽心机制造偶遇，只为和他打声招呼，她“在他的怀抱里飘飘荡荡”，却不敢向他表白。这种炽热的感情直到两年后药剂师结婚才算无疾而终。虽然无果，邓肯放荡不羁的感情态度却已初露端倪，后来更是与40多岁的波兰人相恋。

十几岁时，邓肯想尽办法，见到了纽约剧团的老板，并在他面前发表了慷慨激昂的演说，将舞蹈艺术阐为神来之笔，意外地得到了老板的雇佣。然而好景不长，在纽约，她的才华和个性并未得到充分的发挥，在剧团的安排下，她总是要参加一些自己不喜欢的演出，这让她十分不满。尽管生活困难，但她坚决不愿低头去跳些商业化的舞蹈，她不怕吃苦，却不愿委屈自己的理想。

就这样，几年以后，邓肯全家来到了千里之外的伦敦。在这个充满自由气息和活力的城市里，她期望能够尽情释放自己内心的感受，张扬她动人的舞姿，找到自己想要的生活。

初到欧洲，她们游历了各大教堂和博物馆，对四周的一切都感到好奇，生活充满了乐趣。然而当身上的钱花得差不多的时候，日子依旧十分艰难。邓肯和她的家人时常要为了找一个住处而低三下四，也要为一点吃的而忍气吞声。客居异国，没有任何亲人和朋友，要如何才能让自己在这里绽放异彩呢?

即使困难，她也从未后悔，童年的机智勇敢在长大后依然发挥着作用，不多久，邓肯便在格罗夫纳广场的一位老人那里找到了临时的工作，并获得了一笔丰厚的薪水。

拿着这第一份收入，邓肯在伦敦租下一个工作室，开始了她全新的舞蹈生涯。她穿着蝉翼一样的轻纱和便鞋给社会名流跳舞，每次都能赢得观众们的赞叹。他们从未见过如此不受教条拘束，却还能具有这般灵性的舞蹈，在邓肯的身上，他们看到的不仅是女性的身体之美，还有不屈从于世俗的自由之美。年轻的邓肯就这样在英国为自己赢得了一席之地。

尽管如此，在伦敦的生活还是颇为艰辛，但是有什么能比得过她自如地跳舞，为自己换来稳定的生活呢？每当邓肯跳起门德尔松的《春之歌》，或者埃斯尔伯格·奈温的《奥菲莉亚》，她就像重新化身仙子精灵一般，飘然尘间，遗世独立，全然没有了世俗的痛苦所刻下的沧桑的痕迹。

可那漂泊着的灵魂，终究是不能在同一个地方停留太久。她像是逐着光芒的孩子，前方有太多的光明吸引她去寻找，没有什么能让她甘愿驻足。于是她离开了迷雾朦胧的伦敦，前往全世界都向往的浪漫之都巴黎。在这里，她依然是那个像天鹅一样骄傲的舞者，坚决不做世俗之中随波逐流之事。

她拒绝了前来邀请她的柏林剧院老板，因为于她而言，到欧洲来跳舞，“是为了通过舞蹈传播宗教信仰的伟大复兴，通过人体动作的表情来让人们认识人体和心灵的美和圣洁，根本不是给那些脑满肠肥的资产者茶余饭后作为消遣”。她还扬言有朝一日她一定会到柏林去，去为“歌德和瓦格纳的同胞们”跳舞，而不是对着一副利益至上的嘴脸，进行商业性的演出。

邓肯再一次做到了。3年之后，她终于来到了柏林，在克洛尔歌剧院里，她飘扬如天使一样的舞蹈，伴着交响乐队的奏鸣，赢得了一个城市的掌声。

在欧洲跳舞的生涯，她像林间女神一样，带着早晨清澈的露水，传递着来自大自然的声音。她在英国不列颠艺术馆为自己的艺术创造生命，从古代雕塑、绘画和古典音乐中，她看到了人类最原始的灵性，她为之倾倒动容，找到了她认为最佳的舞蹈方式：身着长衫、赤脚，保持着神明赋予人类的最纯真的美貌，向土地汲取空灵的养分，用像树木枝干一样摆动的身姿来表现自己内心的躁动和希望。

对她而言，传统的技巧不仅不是舞蹈之美，还是玷污人体本身自然之美的罪魁祸首。因此，在邓肯的舞蹈中，毫无雕琢的痕迹，忽而宁静，忽而翻腾，一切都是发自内心的体验，自成一派，浑然天成。

一颗崇尚自由的心，和一副完美婀娜的身段，复杂的早期经历，都对邓肯的感情生活有着深刻的影响。在事业上，邓肯是开创新一代舞蹈的女王，在感情上，却常常遭到世人鄙夷的目光。

随性多情的邓肯是不幸的，在她坎坷的一生中，爱恋过的男子不计其数，有些只是匆匆过客，停留的时间短暂一瞬；有些确实铭心刻骨，在她脆弱的身体和心灵上都留下了深刻的烙印。这些有着不同身份、地位、性格的男人，只要在合适的时间出现在邓肯的面前，能给她贴心的温暖，就会得到这位多情女子炽烈的爱。

在柏林时，他就曾与才华横溢的建筑师同居，辗转于各地的她有两个私生子，孩子的父亲是设计师和百万富翁，然而多情的女子却似乎一定要受到上帝的折磨，在一次事故中，她的两个孩子双双葬身塞纳河。

邓肯唯一的一次婚姻，是与苏联诗人谢尔盖·叶赛宁的结合。和邓肯一样，叶赛宁也是在单亲家庭长大的不幸的孩子，年轻时，他也爱恋过无数年轻美貌的姑娘，有过几段为时不长的婚姻。

而无常的命运却在冥冥之中将他与邓肯联系在一起，在莫斯科，邓肯与叶赛宁相遇，便不可阻挡地陷入了爱河。他们结婚了，可是生性自由的灵魂却无法被婚姻所捆绑。邓肯想要带叶赛宁离开莫斯科，继续寻找她想要的生活，叶赛宁却卧病不起，经历了一年的辗转奔波，两人极度疲惫，还要应对八卦记者们对其私生活的窥探。

婚姻终于还是失败了。叶赛宁只留下了一首《致友人》的绝唱，便撒手而去。两年之后，阴差阳错之中，邓肯竟被自己佩戴的卷进车轮中的丝巾绞死。

在不幸和痛苦之中，她离开了世界，但对她来说，这也未必是一场灾难。我们更愿意相信，那个身着轻纱翩翩起舞的精灵，正在另一个平行宇宙中，摆动着曼妙的腰肢，绽放自己身体的魅力。

重重的生活磨难，带给邓肯的是坚定而勇敢的冲破藩篱的勇气和决心，作为第一个“披头赤脚在舞台上表演”的舞者，她带着与生俱来的自然的力量，重新界定的女性的美的标准。

在她眼中，舞蹈是“一个对生命的完整概念，还有透过动作表达人类心灵的艺术”。即使经历再多的不幸，也能在自由的舞蹈动作中找到内心与自然的平衡。她的舞蹈不仅是一门艺术，更是饱含着她对世界的深情和对生活的热爱的一种态度。

上天没有给她圆满的结局，却给了她女神一般的面孔和温柔慈爱的心灵。在备受传统束缚的世界里，她用生命跳出了最完美自然的舞蹈，迎着远处那一线光明，突破了一道道艰险的阻碍，她站在光芒耀眼之处，给了我们最好的心灵指引。

1.7　凌淑华：唯愿拥有四季

晚清的余韵洒在身上，充满韵味的民国，连接着古代的典雅与现代的新潮。在民国这张五彩斑斓的画布上，总是时不时闪现出一位位才姿出色的女子身影，她们用自己方式谱写着神话，是五彩斑斓的色彩中最独特的风景，而她们却有一个共同的名字——民国女子。

在这些民国女子之中，人们或赞叹于倾城倾国的陆小曼，或心动于德艺双馨的谢婉莹，也忘不掉为爱情而生的康桥女神林徽因，却往往忽视了另一位奇女子——凌淑华。

1900年的初春，残冬的余寒还未散尽，在老北京城的一个官宦大家中，一位五官清秀、皮肤白嫩的小女孩呱呱落地，她便是凌淑华。优越的家庭出身，让林淑华有机会接触到更广阔更丰富的世界，无论是商界的大腕、政界的高官，还是像陈寅恪、齐白石这样的大家，都经常出入凌家，与凌父交情颇深。

年幼的凌淑华悄悄地躲在门后，看着一堆衣着不凡的文人墨客谈笑风生，讲着很多她从未听过的故事，她觉得奇妙极了。也正是在那时候，凌淑华受到了最早的启蒙教育。

从小受到良好的艺术熏陶，从童年起，她就展现出超乎常人的慧根，对艺术的独特敏感性使得她少年英才逼人。6岁那年她便开始偷偷作画，未燃的木炭成了手中画笔，洁白如洗的墙壁成了她肆意挥毫泼墨的画布，白墙之上，但见山水隐没，人影浮动，颇有几分写意之风。画成之后，偶然机会被父亲的一位朋友看到，便大加赞赏，得以师从著名的画家缪素筠、国学大师辜鸿铭，纵然未来的凌淑华未能成为一介著名的大书画家，然而早期的教育却对她后来的人生选择产生了非常重要的影响。

其实，在子孙香火繁盛的封建大家族凌家降生之际，在同辈中排行第十的凌淑华并非得到太多关注，在母亲的眼中，自然也没有那般宝贝。她往往喜欢默默地缩在大院的小小角落，看人潮往来、事态穿梭，静静地做一个旁观者。见惯了大家族里的矫揉造作、尔虞我诈，少时的凌淑华处处不得人的重视，看透了世事人情冷暖，也让她得以为日后的文学创作积累生活素材。

9岁那年，她随父亲旅居日本，在日本度过了两年旅居生活，感受着东洋文化的异域风情。回国之后，她进入天津直隶第一女子读书，很快表现出超乎寻常孩子的天赋和特色。在经历了因崇拜康德而专注于动物学专业，而后受英文老师启发转入外文专业，最后终于找到了心之所属的热爱之事——文学写作。

陌上花开缓缓归，她的未经过世事淘洗的文字如出水芙蓉一般清新自然，博得老师和同学的一致赞誉。在她22岁那年，在美丽的燕京大学校园中，她邂逅了众多才高志胜的同学少年。

鸟语花香点染了初春的校园，如诗情画意般美好的景色化作凌淑华画里的一抹红绿、文字里的一抹悲喜。曾经的艺术累积借着这次燕大校园的灵感触动，迸发出生命激情的火花，充满青春的活力。看她的画，可以让我们“在静穆中领略生气的活跃，在本色的大自然中找回本来清净的自我”。

此时的中国大地正弥漫着战乱的烟火，外族凌辱、工人罢工、学生起义等众多事件争相上演，在1920年的罢工运动中，工人被杀事件惹得学生义愤填膺，借此走向街头，抒发悲愤。抵制日货的行动轰轰烈烈，上门请愿的学生想要在奔腾不息的历史洪流中发出一点微弱的声音，凌淑华也不例外。游行之后的第二日，凌淑华写的一篇文章刊登在《天津日报》上，这是她第一次在正式刊物上发表文章，激动之情溢于言表。

凌淑华经过古典文化的熏陶，但也经历了五四春风的沐浴。“天津爱国同志会”的成立让这个柔弱女子心中热血沸腾，谁说巾帼须眉不如五尺男儿，在国家危难面前，她迫切地想要用自己的一腔爱国热血对抗外敌，抒发志气。

在燕京大学这个自由奔放、兼容并包的校园里，她凭借着活跃的情感和超前的思想，以新时代女性的姿态踏上了文学创作之路。

《新青年》杂志创刊之后，带来的民主科学的新思想，也让凌淑华得以见识到现代性的新知识。在这样自由思想的引导之下，凌淑华得开始接触一些西方艺术文学。当同时代的五四新人冰心、庐隐、郁达夫等人以自己独特风格风靡文坛时，凌淑华的心如同突生涟漪，她的文学之欲如烈火，熊熊燃起，愈烧愈烈。于是，她开始借着白话文的翅膀，在众多的书籍杂志上，自由自在地表白心迹。

1924年，24岁的凌淑华在作画的间隙，执笔白话文，在《晨报》副刊上，以瑞唐为笔名创作发表了第一篇小说《女儿身世太凄凉》，致力于探讨解放了的即将自由平等的新女性，究竟将成为首开历史风气的掌舵者还是封建桎梏下的受害者，这种根植于时代新女性的命运的探索，是敏感而多思的凌淑华才华迸发的结晶。

在现代文学史上，凌淑华亦凭借着她的《酒后》横空出世，她对两性心理的细致描摹让众多作家为之惊叹。《酒后》摒弃了古典爱情里的卿卿我我，大胆地引进五四爱情意识，自由而开放，妙手偶得的惊天之作当即震惊当时的中国文坛。

良好的家庭出身背景、卓越的才华学识，让凌淑华得以有机会接触到更多的名流团体和大家名人。而最为著名的一次，当属泰戈尔来华交流访问那年的大聚会。她记得他的笔下一段段脍炙人口的哲理诗句：生如夏花之灿烂，死如秋叶之静美。这些诗句深深地镌刻在她的心底，触摸着她内心深处的隐秘。就在这年，凌淑华终于有机会见到朝思暮想的偶像，看他那些被岁月濡染的文字，越发让人感到亲切和浪漫。

“要成为一个大作家，要读书，但还要多逛山水，到自然里去找真善美、找人生意义、找宇宙的秘密。实在不单单印有黑字的白纸才是书，生活就是书，人情就是书，自然就是书。”她这一生可能会忘记很多细节，却永远忘不掉泰戈尔大师对自己说的这番话，似乎不仅仅是文学前辈对后辈的叮嘱，更像是邻家老者对孩子的关切。

而此次的泰戈尔之行带给她的不仅是这些，更可以说，泰戈尔的到来是她人生中的重要转折点。

作为普通文学青年的凌淑华，借着泰戈尔东方之行的机会，结识了两位极其重要的人物——陈西滢和徐志摩。前者是与她同甘共苦的情深伉俪，后者是与她情同手足的挚友，这两个人在她的人生历程中都是浓墨重彩的一笔。

在五四的风雨年代，污浊的环境逼压得人喘不过气来，然而就在这样的背景之下，经历了风雨坎坷的凌淑华与陈西滢在相识两年后，步入了婚姻的殿堂。此后的大半生，你侬我侬，相伴相随，共同谱写了一部爱情的传奇神话。但她与徐志摩之间的知己之谊，男子与女子之间跨性别的友情，却在历史上饱受争议。

在文学上两人惺惺相惜，在人生之道上两人又分享共同的理想，尊重彼此的爱情又非常珍惜这份来之不易的友谊。这样一种不是情人胜似情人的关系，自然难为外人道。

情子徐志摩，在历史上自然留下几段刻骨铭心的爱情，却在去国赴欧之际将自己珍视的日记文稿的小提箱留给最值得信赖的人保管。当时徐志摩的一句"只有S是有益的真朋友"道出了凌淑华与徐志摩非同一般的关系。纵然在后世因着"八宝箱"的归宿让凌淑华饱受众多无端的争议，但与徐志摩之间的情谊是她不想辩解也无法言说的秘密。

结婚之后的凌淑华跟随着丈夫陈西滢一同前往武汉大学，身处千里之外的武汉，亲朋无一字，这样一种岑寂的生活让凌淑华倍感孤单，艺术创作也难有新的突飞猛进。不久之后，另两位女性的到来让她死水一般的生活突生涟漪，再次燃起了创作的热情。这两位朋友一位是袁昌英，一位是苏雪林，与凌淑华一起，人称"珞珈三杰"。在风景秀丽的东湖之畔，凌淑华与交心抒志的友人谈诗论画，舞文弄墨，不亦乐乎。文与人与环境相映成趣，成为武汉大学里一道美丽的风景。

然而安稳的日子不长，抗日的战火渐渐蔓延到武汉，炙烤得这座长江上的城市无法喘息。凌淑华积极地投身到抗战的洪流之中，加入战时服务团妇女工作组，随工作队前往汉阳慰劳抗日伤兵。与当时的众多文人发表抗日文章，声援国家讨伐日军的恶行，凌淑华以一个女性知识分子的热忱的良知，用自己的方式表达了中国儿女的拳拳爱国情。

抗战胜利后，凌淑华又跟着前往英国主持文化工作的丈夫，踏上了漫漫客居之旅。“淡泊明志，宁静致远”，秉持着这样的信念，凌淑华在无人能解的异国走过了30多个春秋。

1970年春，陈西滢因病在英国逝世，大半生相濡以沫的陪伴，最终他还是独独地留她一个人在世间，撒手人寰。孤零零的凌淑华，如同浮萍一般在英国漂泊，独在异乡的她越发想要回到心爱的祖国。

经历辗转，世事沧桑，春风又绿江南岸，明月何时照我还?1989年的隆冬，结束了大半生的漂泊之后，凌淑华终于回到了阔别已久的故乡。此时的她已经疾病缠身，不能自理。

1990年5月22日，重新踏上华夏大地后的第六日，一代民国才女凌淑华安然离世。窗外，寒风乍起，一片树叶滑动着优美舞姿，缓缓地归入大地。

Part 2

铿锵玫瑰

——有些事放在肩头，日子久了，就变成了传奇

2.1 丁玲：烟雨飘摇，红颜未殇

大厦将倾，覆巢之下焉有完卵。

1908年，常德安福曾赫赫有名的望族蒋家，屋里停放着病逝主人的棺材，一身缟素的夫人被讨债而来的各路亲友纠缠，被强行套上丧服的4岁女孩号哭震天。少年新寡，幼年丧父，人情薄凉，多年以后，已历经漂泊的女孩仍惊惧于当日的惨白与阴寒。

没落的蒋家一如没落的王朝，难挽颓势，再少了父亲的庇佑，4岁的女孩开始了波澜起伏的一生，却又在烟雨飘摇中留下了无数传奇。这个女孩就是后来的作家丁玲。

这样性情坦荡之至的传奇女作家，近现代里恐再找不出第二个！这样绯闻满天，搅得社会动乱的，怕也找不出第二个。

率真如斯，当两个痴情的男人同时出现在她的生活中时，难以抉择的她提议三人像朋友一样共同生活，他们还真在西湖边上共处了许久；丁玲一生两度入狱，第一次被国民党特务绑架3年，社会各界声援相救，反右斗争中被下放劳作12年，“文革”

时入狱5年；绯闻缠身，一生在喜悦与苦痛，憧憬与挣扎中经历了4次婚恋；写就《莎菲女士的日记》《太阳照在桑干河上》等优秀作品，名耀文坛。

丁玲，憨直率性又智慧聪颖，能言善辩而敢作敢为，从来不让须眉。

父亲去世了，丁玲的母亲余曼贞将家中一切变卖打点，处理好了丧后诸事后便回婆家居住，入了女子学堂，后在一所小学任教。学校是新思想的发源和传播之处，丁玲从小耳濡目染，把书念得很好。

寄居舅舅家后她一直过着寄人篱下的生活，这种压抑使丁玲有了早熟的心智和潜伏的叛逆，只有在学校中，她才真正自由和畅快。女子中学的上空总是盘旋着少女恣意爽朗的笑声，青春满溢，丁玲有时也会倚在二楼宿舍窗边，张望着沅江的碧水清波和江上的渔船，船夫号子声惊破了水面，又被荡漾开来，吸进了漩涡之中。

但更多的时候，她都是在盼着，沅江给她送来她活力四射，充满魅力的九姨——向警予，与母亲同窗的好姐妹，这个女界的风云人物，每次来都与母亲相聊甚欢，也会带来更多的新思想，新事物，新动向。

丁玲原名蒋伟，字冰之，但在女性解放论说的鼓舞下，当她与一群意气风发的新青年畅聊时，突然觉得姓氏是封建制度的残留物，索性就随便选了个最简单的丁，又选了个玲，从此丁玲就叫开了。

1921年寒假，苦闷于与表兄的包办婚约，丁玲与舅舅发生激烈争吵，这女子竟在《常德民国日报》上刊登了揭露作为名士乡绅的舅舅的文章，最终如愿以偿。自此，丁玲以一个自由人的身份只身求学，飘摇南北，而她的骇俗恋爱的旅程才刚刚开始。

1925年暑假，刚从北京回乡没多久的丁玲打开家门却见到了一路从北京追到常德的穷小子胡也频，母亲帮他付了车钱，丁玲笑着打量着眼前这个蓬头垢面的男人，虽然只见了几面，但这瞬间她似乎已经被这份痴心打动。他俩以朋友的身份结伴回京，却被朋友起哄说闹，最后丁玲索性真就和胡也频在一起了。

香山碧云寺的美景足以宽慰生活的清苦，两人像天真的童孩一般在山上的小村落里自在地生活，形影不离，日出月落，暮鼓晨钟，仰观飞鸟，卧听虫鸣。十月的霜降枫叶正红，一簇浅橘，一簇艳红，一簇深黄，伫立在山顶，层层叠叠排山倒海的红叶，如被点燃的火海，火势熊熊，一如两人热烈的相恋之心时而依偎时而交融。

后来，胡也频要下山去，她不放心也要跟去。返程是良辰美景，花好月圆，嬉笑间两人却不小心陷进了泥藻间，山路人稀，两人却不着急，而是仰头看起了星空，耳边泉水汩汩流过，两人就这样开始畅谈心事。是否可以将时间就暂停这一刻，不再多波折歧途，生离死别？是否此生须得钟情于一人，白首不悔？

命运给了这对眷侣一次次的波澜，也见证了他们深浓的情缘，丁玲与胡也频在经历了诸多波折后，感情愈加浓厚。然而，正当两人的感情如胶似漆时，另一个男人闯入了丁玲的世界。他叫冯雪峰，当时在北大自修日语。机缘巧合下，他便成了丁玲的日语老师。丁玲第一次见到冯雪峰的时候，感觉非常失望，冯雪峰并不像想象中帅气。这位蹩脚的日文老师也并不称职，更多时候他们是在聊文学和时事。他讲述时代大局和革命理想时的模样有股魔力，眼神闪着异样的光，这种感觉触动着她的心。

雪峰写下歪歪扭扭的日文，抬头却撞见了一双美丽动人的眼睛，他不会知道，若干年后在那潮湿阴暗的集中营监狱中，让他魂牵梦萦的就是这双温柔智慧的眼睛。情愫慢慢堆积，当两人惊觉之时，已到了难以逃避之地。

面对胡也频和冯雪峰两人的爱情攻势，丁玲难以取舍，她提议三人像朋友一样居住在一起，以便选择，雪峰找了西湖边上的一间院子，三人就共同居住了一段时间。最终冯雪峰听凭上级安排，离开了，这份化不掉的情谊，丁玲把它放在心里，而后的岁月亦时时烧灼着她的心。

1931年1月17日，丁玲在冷寂大街上焦急地搜寻着，因为她没有了胡也频的消息。得知他被捕后，她差点晕厥，四处奔波却无果的绝望，几经努力，她只是能贴着围栏看见了他一个一闪而过的侧影，这一眼便是永别。同年2月27日，胡也频被国民党秘密杀害，这枪声震撼了中华大地，也震碎了丁玲的心，而此时他们的孩子仅仅2岁。

此时冯雪峰也已娶妻育女，重逢时两人明白彼此心里仍有对方，丁玲劝其离婚，然而物是人非，雪峰肩上担有对妻女的责任，所以拒绝了她。多少次，丁玲呆立在雪峰楼下渴望能在他下楼时见他一面，然而最终都只是望着熄灭的灯光，黯然离去。

后来，她说："我最纪念的是也频，最怀念的是雪峰。"

第三个男人冯达是外国记者史沫特莱带来的，他是她的翻译。这个皮肤白净、温柔体贴的男人带给了饱尝苦闷的丁玲一些慰藉，同时也带来了往后无尽的悔恨和磨难。

他细致入微地照顾着她，开门关门都小心翼翼，唯恐打扰她的创作，做好饭就又轻声离去，缺了物件就添置。她并不排斥这样一个人的存在，他享受着照顾她的过程，两人就这样在一起。

当前来逮捕她的国民党推开她家的大门时，她惊讶了一下却又随即镇定下来，早已作好了心理准备不是吗。然而当门后出现冯达的身影时，丁玲如遭雷击，错愕不已，立马想到是冯达出卖了她。尽管后来冯达解释是因为过了约定的12点，以为她已离家，才带人上门，但大错已铸，真相难辨，两人的感情已无法挽回。

反抗，誓死不从，逃跑，自杀，一切招数都用尽，想要重见天日却遥遥无期。这一囚就是三年，在彻骨阴寒的莫干山上，丁玲竟怀上了冯达的孩子，她心绪复杂，生下一个女孩后便与冯达分道扬镳。

而这个孩子，成了太多人用以攻讦她的把柄，有心之人将她视为她一生的污点。在孤寂冰寒的莫干山上，曾经的丈夫，而今也一如既往照顾他的冯达，或许是她所能汲取的唯一的温暖，然而一时的软弱竟招来无尽的刻薄辱没。

但是丁玲始终是丁玲，坚强是她骨子里的基因，流言能耐她何。

后来，丁玲在社会各界多方营救下终于出狱。出狱后的她依旧洒脱，辗转来到了延安。当时，延安文艺界为纪念高尔基逝世一周年，举办了一场文艺演出。在观看话剧《母亲》时，丁玲被舞台上饰演巴威儿的英俊少年深深吸引。

此时38岁的女作家对这位25岁的小伙子一见倾心。谁也不曾料到两人竟有长达半个世纪的婚姻。陈明在回忆录中记载了丁玲那一次表白，他似乎是以晚辈和同事的口气对她说，她是该有个终身伴侣了，谁想丁玲一个反问：“我们两个行不行呢？”这一问着实吓住了他。

丁玲像个霸道的小狮子，逐渐俘虏了陈明的心。那场婚礼其实不算婚礼，没有喜宴，没有祝贺，没有烦琐的仪式，却又是最好的，只有他们两个人，在别人的流言蜚语中优哉游哉过起了自己的小日子。

后来，两人经过了无数磨难和分离，仍然终生相依，白首不离。在别人操心操肺地加以口舌之下，活得无比从容和幸福就是最好的还击。直到丁玲还剩一口气的时候，她还问陈明要了一个吻，方才闭上了眼睛。

动荡岁月里无数红颜只能跟随命运之流，漂泊如浮萍。然而她从未将生命的根系捆绑于他物，一个即将没落的望族，一纸婚约，一个男人，都没有。认同外界设限其实就是自我设限，她从来无视做窈窕淑女，只能相夫教子这类社会规则，率性而为，敢想敢为才能真正寻得来智慧，而自由，平等，智慧，是爱情的前提和必需。

颠沛浮沉之中，她如一位叛逆的女将军，偏要去开拓自己的一片疆域，甚至于自己的幸福，她都牢牢抓在手上，掌握节奏。烟雨飘摇，直至耄耋，红颜易逝，传奇未殇。

2.2 陈衡哲：生命的痛楚和喜悦

她也许已经被埋入历史的尘埃之中，但假如时光倒退几十年，她便是显赫了一个时代的才女；她是中国第一位以西洋史为专业的留学生，是中国第一位女博士，她同时还是任鸿隽终生相敬如宾的伴侣……她，是陈衡哲。

在大部分女子都还处于蒙昧无知的时代，陈衡哲的骨子里从小就充满了独立意识，甚至可以说20世纪中国知识女性的现代命运，从她便真正地开始了。在民国早期时代，女子接受高等教育的机会几乎没有，但是她奋力抗争，挣脱传统家庭带给她的种种压力，最后才冲出重围。

1890年，陈衡哲出生在江苏的一个书香家庭，家庭相对宽松的环境带给她不一样的人生的际遇，她不用承受缠脚的痛苦，还可以接受西式教育，这种超前的教育方式使她对知识有一种不自觉的向往。

家人中对她影响最大的莫过于她的舅舅庄思缄，这位常年在广东、广西做官的长辈见识颇广，他也一直激励陈衡哲，喜欢把自己的种种见闻讲给外甥女听，舅舅的话使她有了一种心理上的认知，那就是一定要做一个有出息的女子，一定要摆脱故有的圈子和现状去读书。

每见舅舅一次，这种观念就更深一个层次，一直到后来她随舅舅远赴广东，临走之时，她大哭一场，在她的心里，这并不是惊恐也不是隐忧，大致是她认为那样的决定对她来说实在是太重要了，也许那个决定已经足以改变她一生的命运了，也许那个决定将决定她今后到底要成为一个什么样的女子。

不过由于年龄的问题，她没能即刻进入学校，但是她一刻也不想耽误学习的时间。她按照舅舅的要求，不仅看《国民课本》《普通新知识》，另外也看一些闲杂书本开阔眼界。即使有很多书籍在当时看来并非是那么高深，但是对于一个女孩子来说能读懂也不容易。正是这样的机会，让陈衡哲发自内心地感觉到自己的变化，她终于不再像井底之蛙那样局限看世界。思想上的改变使得她更加坚信一个道理：一定要继续努力学习，这远远不够。

1911年，她终于如愿以偿进入了一所学校，上海爱国女校，她从此刻苦钻研，远离父母，远离舅舅，孤身一人在上海求学，10年间，她饱受了生活和人生给予她的种种磨炼，还利用闲暇时间学习英文，3年之后，功夫不负有心人，她终于如愿以偿获得了出国留学的机会。

这种事例在当时的时代背景下，对女子来说是绝无仅有的，陈衡哲硬是凭着自己绝对的优秀和执着的精神，以及对知识的渴求获得了这次机会。她先后在美国瓦沙女子大学（Vassar College)、芝加哥大学攻读西洋史、西洋文学，在美国期间，她与任鸿隽、胡适相识。这都是一些有思想并且有理想的青年，与他们的相识，对她今后的人生轨迹产生了重大影响。

在这期间她鼎力支持胡适他们倡导的新文化运动，并且发表了《一日》这篇中国现代文学史上的第一篇白话小说，这篇小说甚至比鲁迅的《狂人日记》还早了一年多，这也足以证明陈衡哲当时的才气以及思想境界的极大改观。在她深入了解西洋史和西洋文学之后，思想上开始变得卓尔不群，因此成为那个时代独树一帜，并且极为罕见的思维犀利的才女。

陈衡哲以她敏锐的思维和卓尔不群的才识征服了很多人，这其中包括她后来的终身伴侣任鸿隽，他几度求婚，都曾被陈衡哲拒之门外，直到有一天任鸿隽对她深情地说："你是不容易与一般的社会妥协的。我希望能做一个屏风，站在你和社会的中间，为中国来供奉和培养一位天才女子。"这句话终于打动她，因为在她心里，或许还有更高远的志向需要实现，她需要这样一个屏风来保护她，她相信优秀的他能做好这个屏风。

1920年，陈衡哲回国，担任北京大学西洋史教授，后来又先后在国立东南大学、四川大学任教授，在教书的过程中，她深深地感受到使用西方史学教材的不便，于是心中产生了自己编写教材的想法，一本完整的《西洋史》耗费了她很多心血，并且后来者写的世界史教材基本沿袭了她的这一体系。

除了致力于课堂和学问，陈衡哲还时常发表文学作品，继在美国发表的《一日》之后，又先后以“莎菲”为笔名，创作了《小雨点》《运河与扬子江》等文学作品。在这些文学作品中，她很鲜明地表达了自己的某些观点，这得益于她的“造命”思想。

她的舅舅曾经告诉过她，人对于命运有三种态度。一种是“安命”，一种是“怨命”，还有一种是“造命”，不难看出，她深受这种思想的影响，并且选择“造命”这种人生奋斗，才使得她在后来人生和事业上为后代人做了楷模。

当然，任鸿隽对她的影响也是终生的，他给了她默默的关怀以及引导，任鸿隽作为著名学者，曾留学日本、美国，他高深的学识和造诣不免给了陈衡哲深刻的影响。

正值战争年代，国内随处可见炮火，个人往往没有安身立命之所，在九一八事变之后，陈衡哲一家开始了逃窜的日子，直到1942年辗转回到重庆，一家人才得以团聚。

与陈衡哲相关故事并非只有这之前所提的种种，这只不过冰山一角，她有巨大的勇气和胆识，在当时那个年代已经很不容易，但是敢于批评的勇气，是当今社会的每一个人都应该学习和效仿的地方。最值得一提的是，她在描写四川的一篇文章中所引起的巨大争议以及批评。

1935年的时候，任鸿隽担任四川大学校长，她也跟随入川，但是他们刚到成都不久，就有很多人一窝蜂地跑到他们家，说是要看一眼女博士，这种想法当时给了陈衡哲很深的刺激。这件事后，她又遇到了很多让人啼笑皆非的事情，一连串的事情让她深深地感觉到四川人思想以及观念的落后。

所以，她以此为内容，发表了三篇文章，也就是著名的《川行琐记》，在这些文章中，她狠狠地批判了四川落后的思想和风气，文章洋洋洒洒地，却没想到，她因此招致了比想象中更多的批判。很多“义愤填膺”的人甚至群起而攻之，一时还不肯罢手，他们说陈衡哲是“学了点洋皮毛”就“摆洋架子和臭架子的阔太太”。

气势汹汹的口诛笔伐，甚至还有人身攻击铺天盖地而来，说她本身不爱任鸿隽，而是和胡适关系暧昧，因为任鸿隽是四川人，所以她才得以这样的文章来一泄心中积怨已久的愤恨……诸如此类的话语很多，很多简直不堪入耳，这一点更加证明了她的观点是正确的。

不过后来看这些文章，平心而论，其中确有一些辞藻在当时民族矛盾正在上升之时显得格外刺眼，在抗战迫在眉睫之时，再去挑川人的种种弊病想必也是不合时宜的，也难怪川人在当时不肯饶她。1937年，任鸿隽辞去四川大学校长的职务，后人猜想，这与陈衡哲多少还是有些关联的。

尽管在思想上以及对待事情的态度上陈衡哲让人感受到果敢与精明，但是，陈衡哲也绝不缺一个作为女人、妻子、母亲该有的品质。她是一位很称职的母亲，曾在事业辉煌之际辞去所有的职务在家做全职母亲，教育三个子女。她曾说过："母亲是文化的基础，精微的母职是无人代替的。"而事实也已经证明她的付出有着丰富的回报，她的两女一子都很有出息，可谓是一家二代五教授，书香满门。

陈衡哲的勇气和担当，给后来无数女子以摇旗呐喊，给她们果断地去追逐属于自己命运的机会。即使在今日，这也是很多女性稀缺的气质，只要记得数点她所获得的锦标，后人就会清楚地发现，这位开了一代风气的女子是不应该被时代忘记的。

2.3 撒切尔夫人：盛开在眼角的盛世繁华梦

政坛，常常被定义为男人搏杀的世界。可是在历史上为数不多的女性政治家中，有一朵扬眉吐气的铿锵玫瑰在经历过猛烈的风吹雨打之后，绽放出最娇艳的光彩，她就是——玛格丽特·希尔达·撒切尔。这位颇受人景仰的女子，常常被人们亲切地称为“铁娘子”。

20世纪30年代的一个英国小镇上，一位名叫玛格丽特的小姑娘自小就有着喜欢争强好胜的性格。一直以来，父亲对这个美丽可爱的小姑娘寄望深厚，教导她：“无论何时何事，都要力争一流，永远做在别人的前面，不甘落后于人。”在这样近似严苛的教条之下，玛格丽特从小就显露出超乎常人的斗志和勇气，或许她的人生注定充满传奇的色彩。

玛格丽特在少年时就表现得出类拔萃，在学校生活的各个方面，都坚持以“永远坐在第一排”的信条自我鼓舞，这样的信念一直贯穿她的一生，以至于40年后，这颗耀眼的明星终于冲破了重重阻碍，在英国甚至世界的上空熠熠生辉。从此，她与另一个名字紧紧相连——“铁娘子”玛格丽特·撒切尔夫人。

从牛津大学毕业后的撒切尔背负着满身的才艺踏上追求梦想的征途。随着在社会中的打拼和历练，她越来越发现政治的热情已经深深地渗透进骨髓，用她自己的话说就是“政治已融进了我的血液”。18岁的玛格丽特终于在茫茫世界中找到了属于自己的人生航向，把平日里辛苦挣来的钱全部用作自己心之所爱的保守党党团活动经费。

一位三七年华的少女，原本应是沉浸在美丽幻梦的妙龄之际，竟然能够对别人看来枯燥无味、恐避之不及的政治产生了浓厚的兴趣，这种独特的个性，足以让她获得“铁”的称号。

1948年保守党的年会上，作为牛津毕业保守党协会的代表，撒切尔夫人正式登上保守党的政治舞台。一番慷慨激昂、沉着严谨的发言让她博得在场所有人热烈掌声，她隐约感觉到，属于自己的时代开始了。不久之后，她便被米勒提名为萨特福德选区的议员代表，这是她迈入政坛的第一步。

一面是铁血政治的哲学，一面是柔情女性的魅力，撒切尔夫人将两者之间的尺度拿捏得恰到好处，在壮志与柔情之间找到了一个合适的平衡点。

经历过1950年和1951年连续两年压倒性扭转达特福德选区长

期被共和党霸占的局面之后，撒切尔夫人的政治魅力得到越来越多人的赏识和赞叹，在当时成了改写保守党女性候选人历史的浓墨重彩的一笔。

就在政治事业沿着既定轨道渐渐爬坡的过程中，美丽的撒切尔也收获了一份美丽的爱情。一位德行高尚的绅士丹尼士·撒切尔·戴卓尔发现了这朵玫瑰的美丽馨香，两人于1951年喜结连理，并诞下了一对孪生兄妹——卡洛儿与马克，这是他们爱情的结晶。

细想起来，在她日后征战政坛，披荆斩棘的过程中，挚爱的丈夫一直是自己身后最坚强的后盾和最巍然的靠山。

虽然已然名声大振，但是年轻上进的撒切尔夫人并没有沉浸在短暂的成功中沾沾自喜。民众的支持给了她很大的自信，在峥嵘的仕途之路上，她变得越发奋进努力。埋头苦学，费尽千辛万苦，她终于成功考取讼务律师的资格。在作为在野党影子内阁人士之时，她常常熬到深夜查阅大量的资料与数据来反驳对手；而作为保守党领袖之时，她又时常马不停蹄地奔走到全国各地讲演，昼夜相继。

对这朵馨香的花儿，人们只是惊羡她开放时的明艳，然而却忽略了当初她的芽儿，浸透了奋斗的泪泉，洒遍了牺牲的血雨。

功夫不负有心人，1970年，在保守党大选胜出后，已近知天命之年的撒切尔夫人终于如愿入阁，这是她达成最终梦想的一阶重要跳板。

经历了岁月的沧桑之后，撒切尔夫人越发散发出女性的魅力，1979年5月3日，春日洋洋，微风和煦，这是英国历史上值得永久铭记的时刻。在保守党再次获得大选胜利之后，“铁娘子”撒切尔夫人正式出任首相一职，成为了英国历史上第一位女首相。她用自己坚忍不拔的努力和超乎寻常的魄力，塑造出一个自尊独立的女性形象。她用自己的行动向世人昭示：江山代代出英贤，谁说女子不如男。

伦敦唐宁街十号，见证了她在这里日理万机的每一天，见证了一个又一个极具撒切尔特色的主义和政策，见证了她在这里的三个任期生涯，这是英国首相在20世纪执政的最高纪录。

没有人能够随随便便成功，也没有人能够永远把持着成功。在血雨腥风般的政治世界里，一个只身作战的女子既要对抗国内虎视眈眈地觊觎首相之位的各方势力，又要挑起一个国家的栋梁，是极其不易的。随着局势的发展，由于民心渐渐流走，各方势力的支持也越来越弱，1990年11月，撒切尔夫人同意辞职，退出了下议院选举，她33年的从政生涯至此正式画上了句号。

其人未远，其香犹存。撒切尔虽然远离了政治，但人们对她的爱戴和尊敬却从未减少，她被女王伊丽莎白二世册封为终身贵族。

在后来的保守党大会中，卸任后的撒切尔夫人史无前例地获得了全场站立鼓掌致意，然而，此时的她感到这个舞台已经属于她了，于是她微笑着婉拒了众人要求她上台发言的邀请。

更多中国人认识她，还是她在人民大会堂阶梯上摔得那一跤，在人们心中，铁娘子的形象深入人心，而很少有人能够真正去揣摩她内心真正的孤独与寂寞。

大江东去，浪淘尽，千古风流人物。新世纪的曙光翻开了新的历史一页，撒切尔夫人的光彩也永远地留在那个时代之中了。2002年，撒切尔夫人因为身体原因而退出了社交圈，开始了真正属于她自己的隐秘生活。而此时，在疾病的困扰之下，她的记忆力急剧减退，全然没有了往日“铁娘了”的风采。

暮年的撒切尔褪去浮华，安然在自己的生命空间中。她眼角的皱纹越来越多，似乎道不尽世间沧桑，那些曾经的盛世繁华梦在她的生命中不断沉淀升华，此时已是“物是人非事事休”的境地了。

不久之后，丈夫丹尼斯男爵的去世，越发加重了她的孤单和悲伤。她已经无法阻挡时间带给她的改变，无力阻挡命运的洪水向她倾盆。

2013年4月8日清晨，阳光还未晕染整个天空，玛格丽特·希达尔·撒切尔因中风撒手人寰，享年87岁。她的眼睛中似乎隐约闪现着曾经叱咤风云的那些岁月片段，那里是从未有过的祥和和宁静。

一切美好只是昨日沉醉，淡淡苦涩才是今天滋味。想想明天又是日晒风吹，再苦再累无惧无畏，追逐梦想总是百转千回。风雨彩虹，铿锵玫瑰，纵横四海笑傲天涯永不后退。

这首《铿锵玫瑰》就是对铁娘子一生最好的概括。

如果时光倒流，她将不再从政，因为她的家庭已经为她的从政之路付出了过高的代价——外人眼中的万众瞩目风光是表面的，这才是她对自己政治生涯的真正评价。

在事业与家庭面前寻求平衡，女性往往要比男性付出得更多。她是一个成功的政治家，但是同时面对家庭的愧疚和自责，是不可向外人道的艰辛。

伦敦圣保罗大教堂的诵经声低沉而深远，仿佛穿透了历史的薄雾，直插入人的心灵。玛格丽特·希达尔·撒切尔被誉为一代伟人，予以厚葬，获女王出席葬礼，这位跨越世纪的伟大女性在逝世之后，又谱写了新的传奇。

在撒切尔弃世之后，坊间对于这场盛大的葬礼评价毁誉参半。崇拜者认为作为20世纪任期最长和唯一的女首相，撒切尔是英国伟大的坐标，当之无愧的铿锵玫瑰。而至于批评者，自然是以豪华奢靡为借口。撒切尔的时代已经结束，然而这位在历史上有着浓墨重彩之笔的老妪，仍然影响着整个国家。

撒切尔夫人是时代的产物，更是时代的主人。她的一生，说不尽的一生，注定要交予历史去裁决，而至于裁决的结果，亦必将如她的生命一样，充满斑斓的色彩。

2.4　董竹君：带着镣铐也要舞蹈

在晦暗的时空隧道流连拾遗，我看见被时光雕琢的历史岁月扑面而来。一幅幅缓缓展开的缱绻画卷、一幕幕浸润泪水与欢笑的百样人生、一首首传唱不歇的灵魂歌谣，纷纷向我们诉说着某个时空、某段历史的荣耀与哀伤。我们的耳畔一边是京华烟云的嘈杂与热闹，一边是空洞无边的缄默与寂静。

在哀伤的热闹与寂静中，流连追寻，终于，她缓缓而来，带着镣铐，眼神温婉而坚毅，然后款款而去，转眼间，便带走了一个世纪的风云变幻与传奇人生。

有一种女子，她们从降生之初便注定着坎坷与曲折，仿佛被潘多拉的盒子所诅咒的命运饱含了泪水与疼痛。

有一种女子，时代给予她们一串沉重的镣铐，她们的舞蹈伴随着无言的诉说，旋转跳跃间便舞出了一个时代的风云变迁。

董竹君，就是这样一位女子，她的童年，是绕不过的疼痛与哀伤。

那时，她还是父母眼中永远长不大的阿嫒，邻居眼中初露美人之姿的“小西施”，她还不知道自己将成为一个世纪的传奇。

1900年2月，上海一个破旧的弄堂小巷，新年的气氛在动荡的战火中消弭无踪，一个贫穷的家庭迎来了新生命的降生，从此开启了一个女子的传奇人生。

阿嫒，是董竹君的小名，人如其名。“嫒：美女，淑女也。人所援之。”童年时，董竹君的家庭是温馨的，她的父亲踏实勤劳，母亲勤俭持家，经济拮据的家庭状况也从未使这个家庭减少半点欢声笑语，反而充满了浓浓的温情。

那时，董竹君的父亲还没有生病，每天拉黄包车所挣得的钱勉强维持一家的温饱，而她的母亲，亦拼了命地为家里添砖加瓦，一边给富贵人家做帮佣，一边操持着家里每个人的饮食起居。如果一切顺利，董竹君应该能顺利完成学业，找到一个合适的人结婚，组建自己的家庭，然后在那个动荡的年代里努力存活下来。

可惜，命运从来都是不可捉摸的，它没有听见这个家庭的声音，战火纷飞的年代里，悲剧一幕幕上演，人们仿佛看不到黑暗的尽头。

1912年，董竹君12岁，这一年的冬天格外寒冷，厄运笼罩着这个贫穷的家，董竹君的父亲伤寒病重，无钱医治的身体每况愈下，没了收入的小家连温饱都难以维持，谈何继续供阿媛上私塾。

迫于现实的无奈，董竹君结束了为期六年的私塾学习。

她的父母把阿媛送去学习京剧，做“堂子”里的“清倌人”。年仅13岁的董竹君还不知道“堂子”意味着什么，她还在等着父母接她回家，虽然这只是一个如泡沫般美丽却易破碎的幻梦，那个曾经温馨的家早已消散在岁月的风中，成为黑暗动荡时局下万千个悲剧家庭的一抹缩影。

爱笑的董竹君消失了，留下的是周旋于不同人之间的杨兰春。

童年，是她无法愈合的创伤。

大概上天还是眷顾这个美丽的少女，在天真的她还看不懂那些丑恶的时候，为她送来了一位孟姨。孟姨是一位态度温和、识得些许字的妇女，50多岁，身形有些矮矮胖胖，当她说话时，总是温和地笑着。她常常一边给董竹君梳妆打扮，一边讲一些历史故事，例如《水浒》《三国》《孝经》《花木兰》等，也正是她使董竹君明白堂子里的善恶和黑白。少女暗自下决心，要改变自己的命运。

有人说：“在对的时间遇见对的人，那是最幸福的事。”当董竹君遇见了夏之时，抛开两人的结局来看，夏之时之于董竹君，应该就是张爱玲笔下“于千千万万人之中遇见你所要遇见的人，于千万年之中，时间的无涯荒野里，没有早一步，也没有晚一步，刚巧赶上了”的真实写照吧。

10多岁的董竹君在遇到夏之时的时候，还不知道他们的命运会连在一起，也不知道他们的经历是如何跌宕回肠，徒留后人评说。只是一刹那的心动，便种下了一颗名为爱情的种子，在没有察觉间，这颗种子悄悄破土而出，开出了一朵名为爱情的花朵。

也许连董竹君自己也不明白为何自己在众多客人中唯独关注了他，是因为他俊朗的外形、非凡的谈吐、宏伟的抱负，还是天涯知己的惺惺相惜？两人谁也没有把这份懵懂的爱恋挑明，只是爱情的花朵在多少秉烛夜谈的夜晚静静绽放，开得愈加鲜艳灿烂。

少女一天天长大，像一枚诱人的果实，吸引着越来越多的人的目光与渴望，堂子里既定的宿命也越来越近。董竹君感到从来没有过的紧迫感，认命还是反抗？她想到了那抹消瘦却无比清晰的身影，“去找他吧。”内心有个声音如是说。

于是，在一个寂静的夜晚，月亮洒下一地朦胧的清辉，董竹君留下所有的首饰衣物，只着一袭单衣，在孟姨的帮助下来到了夏之时暂住的旅馆，两个青年男女跨越12年的年龄差距，以及富家子弟与青楼女子的身份鸿沟，终于走到了一起。

命运之花陡然盛开，羡煞旁人。私奔的主人公们在松田洋行里举行了非常简单的婚礼，27岁的夏之时与15岁的董竹君，两条不可相交的平行线却在这一刻静静缠绕在一起。

那天早上，董竹君一早起床，给自己化妆梳头，洁白的婚纱舒展在床上，圣洁而美丽，15岁的少女知道在另外的房间有自己所爱的人等着自己，他会穿着笔挺的西装，打着领带带自己走向另一段全新的生活。

几天后，新婚的两人踏上了去日本的航船。旅途平静，夜风挟着大海腥咸的气息扑面而来，没有战乱，没有束缚，爱情之花终于完美绽放。此刻，迎接他们的，是内心的自由，以及全新的未知世界。

在日本，董竹君与夏之时给自己打造了一个“世外桃源”，他们度过了两人一生中最宁静、最幸福的6年。6年里，他们迎来了象征爱情的第一个孩子，6年里，夏之时为自己的革命事业而奔走，而董竹君，她像干渴已久的禾苗，努力地吸取难得的甘霖。

全新而开明的思想把她带入了一个崭新的领域，原来，女人也可以做很多在以前看来完全不可思议的事。于是，她用6年的时光在家里自学完成了女子高等师范学院的全部课程。

但世外桃源终究不是现世，再美丽的气泡也有破碎的一天。

故乡亲人病重，夏之时在第一时间托儿带口地回到了四川。群山环绕下的盆地，有无数英勇救国的少年儿郎，也有它固执的落后与愚昧。接受到新思想的董竹君适应不了封建大家庭里的纷扰与保守，而封建大家庭里的成员同样不能接纳出身低微甚至在烟花场所里待过几年的她。

作为丈夫的夏之时此时同样身陷麻烦之中，由于跟错了人，曾经年轻的四川副都督被解了兵权。仕途不得志，意志消沉的他沉醉在自己的世界，他看不见深爱的女子，看不见自己的孩子。一日一日，曾经董竹君心中的英雄在现实面前消失不见了，留下的是沉醉于大烟的迷失者。

面对这样的生活，董竹君不甘心，她不能接受重新回到束缚的牢笼，不能接受四个女儿不能读书识字的未来，于是，她选择了离开夏之时。

就这样，一个女人，带着四个孩子，回到曾经允满痛苦与甜蜜的地方，开始了一段令后人为之侧目的传奇。从此，夏之时身边不见了董竹君，十里洋场的上海滩却多了一个女创业家的身影。

初到上海，董竹君去的最多的大概就是典当行吧，身无余钱，子女的教育等现实问题统统摆在了她的面前，她不得不典当了身上所有值钱的物件。她在艰难中行走，在夹缝中求生存。她开始尝试着经商，办织袜厂，办租车公司……她不断地碰壁，又开始不断地尝试。

在历经了无数苦难和无数凶险的难关过后，1935年，董竹君开办的锦江川菜馆生意日益红火起来，自此，她迎来了人生中最辉煌的岁月。

我们无法想象在那样一个动乱的年代，在那样一个群雄盘踞的上海滩，一个带着四个孩子的女人竟然创出了让很多男人都望尘莫及的事业。

夏之时呢，这个改变她一生命运的男人，这个给她娶了如此美丽的名字的男人，就这样退出了董竹君的人生?

离婚后的董竹君开创了属于自己的天地与荣耀，离婚后的夏之时不复曾经的风华。但谁也不能否认他们的相爱，甚至是彼此唯一的挚爱。夏之时的照片在董竹君的卧室陪她度过了68年的风风雨雨，午夜梦回时，拿出那些珍藏的回忆，拭去岁月的印记，你我还是当初的模样。

只是谁也不能阻挡时光的流逝，转眼，便走到一个世纪的尽头。1997年12月6日，董竹君安详地走完她人生的全部旅程，入葬时奏响的爱尔兰民歌《夏天最后一朵玫瑰》在风中渐渐消散。终于不用再孤单前行，她还是那个美丽娇俏的少女，他还是那个风华正茂的青年，他们相遇在最美好的年华、最恰当的时间。

2.5 格蕾丝·凯利：生命短暂，何不绽放极致

格蕾丝·凯利，一个曾经被记者、文学家、导演、明星等各路的人物解读过无数遍的好莱坞名伶、摩纳哥王妃。至今看来，即使她早已陨落人间，但她那毫不做作的魅力依然迷倒众生。她热情、活泼，还有与生俱来的性感和浪漫气息，她是“高贵、优雅”这两个词语最好的代言人。

或许，对于当今的人们而言，格蕾丝·凯利只是一个远去的模糊的背影，但是对于每一个追求完美的女孩来说，她绝对是一抹不可被忽略的靓丽风景。

她的这种完美和精神绝不是一代人造就的，她出生在美国费城一个很富裕的家庭，那是一个很庞大的家族，从祖父在这块大陆上扎根开始，到凯利时，这个家族已经是名门，有人得过普利策奖，有人得过奥运冠军。

大家族的严苛对她的性格起了决定性的作用，所以她美丽，但却是冰冷的，著名导演形容她是“一座白雪覆盖的火山”。

每个日后会成功的人，或许在小时候于某个领域都露出过端倪，给人以预见性，格蕾丝·凯利也不例外。11岁那年她的表演天赋就开始展露，得到家人的好评和肯定，她还正式向父母提出日后要当一名演员，但是那个时候的她还不知道，在不久的将来，自己的美会是那样的熠熠生辉，永不泯灭。

1947年，她从当地有名的高中毕业，拒绝了一名富商的求婚，毅然报考了美国戏剧艺术学院。当时这一行为并没有得到家人的支持，在格蕾丝·凯利的坚持下，家人勉强同意了她的计划，但要求她入住具有严格作息时间和管理制度的旅馆，与外界毫无瓜葛地生活。

4年后，在一部名为《14个小时》的影片中，格蕾丝·凯利得到了属于自己的第一个银幕角色。虽然这个角色是微不足道的，但是她的内心却是欢喜的，对于每一个追求梦想的人来说，这样一个开始足以令人感到开心。而她只需等待大门敞开，去迎接下一个征途。

很快地，格蕾丝·凯利凭借自己的毅力和无人能及的魅力赢得了更多的机会，并因此得到著名导演雷德·金尼曼的赏识，邀请她担任电影《正午》的女主角，与当时的银幕英雄贾利·古柏合作。

作为一名新人，格蕾丝·凯利的表演非常出色，成为新的焦点，她那迷人深邃的笑容，窈窕多姿的身段，金色微卷的头发，海水一样湛蓝的眸子和洁白细腻如月光的脸颊，让她如同高贵醇香的红酒。因此，所有人的目光都被这个高贵、典雅、优美的女人所吸引。

也许，正是感动于这种别致的美和高贵，连一向对美女演员没多大兴趣的导演希区柯克也接连邀请格蕾丝·凯利担任自己三部影片《电话谋杀案》《后窗》和《抓贼记》的女主角。希区柯克的电影风格非常鲜明，往往于看似狰狞的外表下蕴藏极为工整、冷静和克制的能力，这也是其作品具有永恒魅力的原因之一。

在希区柯克的影片里，主人公永远带着一种可贵的能力：自我整理和自我节制。这种整理和节制与世界有着抽离和融入的感觉，所以他的影片对演员的要求非常高。演员要演绎出这种效果，必须要具备很强的驾驭能力，或者说演员本身就应该具有这种高贵情怀和不入世俗的气质。

只有这样，影片的效果才能完整地表达出来，才不会显得突兀和难堪。格蕾丝·凯利便是这样的人，她懂得自我调节与克制，在塑造角色时有张有弛。希区柯克曾经这样描述过她："从外表上看，格蕾丝显得很冷漠，但在她的心中却蕴含着敏感、情欲和爱恋的火山。"这种与电影的要求达到高度一致并不是所有希区柯克女郎都能够做到的。

公众面前的格蕾斯·凯利严谨纯洁，但她在生活中却以洪水猛兽的动态存在着，不时与合作男星传出绯闻。这时期，她的演绎事业已经快要达到一个巅峰，尤其是《后窗》里面的经典形象让大部分人记住了这个穿着天鹅绒裙子的女孩，她亭亭玉立，一尘不染。只要有格蕾丝·凯利出现的地方，立马就成为焦点和中心，举手投足之间都充满了深深的耐人寻味，甚至连那慵懒的神情也有万般风情。

1956年，格蕾丝·凯利凭借《乡下姑娘》一片获得奥斯卡最佳女主角奖，占尽风头，大放异彩。在这风头正盛之时，原本可以大展身手的她，却没有因为太多光环迷失方向。

尽管她的身边围绕着足以让全世界女人尖叫的魅力男星，无论是贾利·古柏、克拉克·盖博，还是威廉·赫顿、富兰克林·辛纳特纳，但她与他们都是淡淡之交，并没有留下任何印记，因为她心里清楚，璀璨却浮华的好莱坞并不是她一直愿意待下去的地方。

踏进好莱坞的第五个年头，她订婚了，与摩纳哥王子雷尼埃三世，一位真正的王子，一位当时被称为是世界上最为理想的单身男子，订婚了。他们在戛纳电影节上相遇，并且一见钟情。6个月后，王子专程去费城向格蕾丝·凯利的父亲提出求婚，并且得到同意。

那注定是一场世纪婚礼，虽然摩纳哥只是弹丸之地，但摩纳哥再小，雷尼埃也是未来的国王，何况这里风景秀丽，依山傍水，是出名的旅游胜地。

那一日，格蕾丝·凯利穿着昂贵的长裙，披着成千上万颗鱼卵形珍珠串成的面纱，走向雷尼埃，走向摩纳哥，这位影坛皇后从此成为摩纳哥未来的王妃。格蕾丝·凯利的一生仿佛是童话在现实中的最好注脚，她让无数人相信，一个女人，如果真正美丽且高雅，那么她的命运就一定可以达到如此完美的境地。

婚后3年，格蕾丝·凯利为王室诞下三位子嗣，也是在这几年，她曾经参演的电影被摩纳哥全部禁播。后来，希区柯克曾试图邀请她再去出演自己的电影，但是摩纳哥的公众却不能接受他们的王妃再涉足演艺圈。

此时的格蕾丝·凯利已经不再是昔日的那个魅力四射的影后，那个随心所欲的女郎，身为王妃，代表国家形象的女主人，她必须时刻小心翼翼。从此，这个娇美的容颜再没有以电影角色的形式出现在银幕上，这是遗憾，也是悬念。

但事实证明，她的确是一位成功的王妃，在她和丈夫的共同努力下，摩纳哥的公众形象逐渐好转，旅游收入也逐渐增多，而王妃本人也以不懈的努力赢得了更多的尊敬。

格蕾丝王妃注定是一个传奇，活着的时候是，逝去的时候也是。1982年，她和小女儿在返回王宫的路上出了严重的车祸，在一个转弯的地方她失去了对车的控制，车子冲下了悬崖，王妃全身多处受伤，第二天在医院去世，女儿得救。

她的遇难引起了全世界的关注，不仅有摩纳哥人民的伤心，还令这个世界上所有爱她的角色的人黯然神伤，更使雷尼埃伤心欲绝，在她的葬礼上掩面痛哭，“我们是完美的一对，无论走到哪儿，对她的怀念都与我寸步不离。”

是的，他们的相遇是一场传奇，却在相濡以沫的时候分开。曾经沧海难为水，除却巫山不是云。失去了格雷丝，雷尼埃终身未再婚娶，也许在他心中，格蕾丝·凯利是永远无法替代的。她被葬在了蒙特卡洛的山顶教堂，那是他们结婚的地方，王宫从此只留下国王一人远眺教堂的背影。

香消玉殒后，世人纷纷以各种形式祭奠王妃。再次回首，我们仿佛看到格蕾丝·凯利依然穿着一袭美丽的天鹅绒落地长裙，遗世而独立。

Part 3

成为经典

——真正需要强大的，不是你的外壳，而是你的心

3.1 林徽因：万古人间四月天

性情温婉的女子，总有着水波一般柔美的眼神、令人心动且迷恋的声音，以及细腻的情感和纯洁的心灵，她们的眼神能够看透世间的一切，声音能够融化人们内心的冰霜，情感能够温暖孤寂的灵魂，心灵能够带给人们希望。这样的女子每每行走在人间，总会令人感叹，世间竟然也会有如此脱俗的仙子。

林徽因也是如此。她如同一朵盛开在盛夏的白莲，清新淡雅，温婉秀丽。所有人见到她第一眼之后，总会不由得认为，她这般的女子必然不经世事，不解红尘，不历风霜，只能生长在温室中，在万般疼爱和呵护中静静地生长，静静地绽放。

只有熟知她的人才知晓，她的内心远远要比人们想象中的坚强。没人能够体会，她曾承受过的那些痛楚和悲伤有多么沉，多么重，也没人能够了解，她的那份恬静淡雅在穿越了喧嚣、战火和生死之后，是多么的难能可贵。

人们只知儿时的林徽因是一朵生长在温室中的花朵，天资聪颖使她得到了全家的宠爱，优越的家境保证她衣食无忧。又有几人知晓，她曾一人打理过整个老宅的家务，与远在异地的父亲通信，表达自己的看法，那一字一句，都显得格外成熟。

豆蔻年华，她遇见了诗人徐志摩，也曾心动，也曾憧憬。不过，在烈焰般的爱情攻势下，她始终保持了恰当的距离，做出了恰当的选择。

19岁，她真的恋爱了，对方是父亲好友家的长子梁思成。那一年，梁家与林家定下了口头婚约；也是在那一年，一场意外使梁思成落下了终身残疾。或许之前，她不曾意识到自己对他已经有爱，直到意外发生之后，她心中的那份感情才在刹那间萌发。伤在他身，痛在她心。她做出了令所有人惊讶的举动，悉心陪伴在梁思成身边，为他擦汗、读信，喂他吃药，帮他翻身。

此时，她不再是那位不食人间烟火的林家大小姐，不再是受众多富家公子追逐的天仙一般的女孩，她只是一位普通的姑娘，一位愿意为了心爱之人付出全部的姑娘。也曾担心过梁思成的身体是否能够痊愈，却从未想过就此离开他、放弃他。小心地服侍，耐心地呵护，无论在别人眼中如何，无论这是否符合一位大小姐的身份，她这样做了，并且无怨无悔地做了。

梁思成的身体恢复后，林徽因与他一同远赴美国，为了两人共同的梦想而留学。就在他们一步步向他们共同的理想迈进时，就在他们憧憬着未来美好的生活时，噩耗传来，林徽因的父亲林长民在战乱中身故，尸骨无存。父亲去世的消息让林徽因浑身的血液仿佛都凝固了一般。父亲去了，家里的天塌了，身为家中的长女，撑起这个家的重担，除了她，还有谁可以接过？她恨不得立刻赶回家中，安慰悲痛的母亲，料理父亲的后事，却无奈于自己的身体状况，无法立刻回国。

美国的学业仍然继续着，林徽因却仿佛变了一个人。她剥夺了自己的自由，放弃了与同学们外出游玩的机会，将全部的心思都用在了学习上。谁都不曾想得出，这样一位身子柔弱的女子，学习时竟然和那些男子一般拼命，将自己置于绘图桌前一画就是一整天。她不再消遣，不再游玩，这一切，只因她心中的那份责任，那份对家庭的责任。

学成，结婚，归国。祖国的东北边，辽阔的黑土地上，她停下了她的脚步。一朵原本生长在江南的莲花就这样移栽到了北方，远离了自己的家乡，远离了熟悉的环境和温度。

北方没有那吹面不寒的杨柳风，没有那温柔细腻的气候，有的只是的刀子一般锋利的北风和粗犷的寒冷。一个自小生活在南方的姑娘，一个天性细腻柔美的姑娘，要如何适应这般艰苦的环境，又要如何适应这般寒冷的天气？却不想，她来了，就这样来了，就这样接受了。在简陋逼仄的小屋里，她用温柔和细腻装点着房间，让一间临时的住所中充满了家的温馨。

北方一入秋便有了十足的寒意，林徽因穿上了厚厚的衣服，却仍然无法抵御那份寒冷。寒冷的天气和繁重的工作让她生了病，身子越发虚弱起来，这些却丝毫不曾令她放弃，不曾令她埋怨。那些战乱中经过他们房屋的土匪也不曾使她的心产生些许不安，当她笑着向好友们提起那段日子的时候，她的眼光那么安静，那么清澈，如夏日里西湖的湖水一般。

命运总爱和人们开玩笑，无论我们如何乐观，如何坚强，它却总能找得到摧毁我们内心防线的地方，待泪水决堤后，再给我们以希望。梁启超的病逝，新生命的到来，两件事情一悲一喜，交替而至，拨弄着林徽因的情绪和神经。之后是无情的战乱，带着年幼的孩子和年老的母亲，林徽因一家开始了逃亡。

战火中的生存，跌宕中的求生，一次死里逃生的体验，几次病痛的折磨。有一次，炸弹就在她身前身后炸开，破碎的弹片飞溅，让她清晰地感受到死亡的距离。多少次，她病到无法起身，只能虚弱地床上挣扎，却仍在有所好转的时候撑起病弱的身躯，投入工作之中。这些，都不曾令她退缩。即使是在生命的最后那段时光里，她仍然努力地追逐着自己的梦想，努力地照顾着自己的家庭，努力地钻研着热爱的学问。

她的那些浪漫，在一次次磨难中退去了光彩，留下的，是坚实的内在，像一颗剥掉了青皮的核桃，露出的，是坚硬。一次又一次，她的勇敢，她的坚强，戳破了狂风编制的牢笼，戳破了暴雨织成的帘幕，戳破了乌云堆积的山峰，让明媚的阳光一次又一次照射进她的生命。

在黑暗的日子中，她依然美好，依然面带笑容，依然保留着纯粹的初心。见到她的人，总会不由得被她感染，忘却那些阴霾，却不知她曾在黑暗中经历了多少的磕碰，受过多少伤；见到她的人，总会不由得被她感染，忘却那些悲痛，却不知她的心曾多少次痛到窒息，痛到几乎无力再跳动。

人们见到她的时候，她始终是美好的、从容的、淡定的，仿佛这世上一切悲伤、痛苦、折磨都不曾与她为伍，仿佛这世上一切灰暗、残酷、忧愁都不曾近过她的身旁。

轻轻地，她来了，静静地，她走了。她在人们心中留下了最美的样子，那一抹淡淡的笑，那一缕幽幽的声，都令人们动容。她是值得人们爱的，不仅因为她的容貌，更因为她的灵魂。

她的心，是坚定的、勇敢的，她的灵魂，是强大的、包容的，若没有这些，她的光彩便不会在她去世后仍不失色泽，她的魅力便不会在她离开后仍不肯消散。

3.2　奥黛丽·赫本：浅笑朱颜，恬淡不伤

身材曼妙而面庞精致的美人能让男人疯狂，自然也更让女人嫉妒，比如玛丽莲·梦露这种尤物。因而既能让男人倾慕，又能让女人崇敬的女子却更为珍稀而高贵。与梦露同时代的奥黛丽·赫本就是这样的存在，人们说，她是落入凡间的精灵。

导演比利·威尔德说："上帝亲吻了一个小女孩儿的脸颊，于是赫本诞生了。"稍稍吊梢的眼角，偶合了中国的古典美，温婉中却又带俏皮，长长的浓密的睫毛在那双深棕色的眼眸上忽闪，顾盼生姿。她整个面颊因瘦削而棱角分明，却因而也多了一种超凡脱俗的高雅出尘意味。她，是真正的天使。

贵族后裔的出身，英国银行家的父亲，拥有荷兰男爵封号的母亲，看似风光无限的身世却并没能让赫本有一个快乐无忧的童年。6岁时，她长年在外的父亲匆匆赶回家，一边与母亲争吵一边收拾好了离家的行李，母亲由愤怒到哀求到绝望，但她的眼泪并没有起一丝作用。

这些都被小赫本看在眼里，她难以理解地追上去喊着“爸爸，爸爸”，可是他只留下匆忙的冰冷的背影就消失在人群中。8岁时，父亲与母亲离婚了，在赫本的极度要求下，父亲拥有了探视权，可是他一次都没有来过。父亲，成为赫本一生的一个心结。

不曾想到，奥黛丽·赫本为人所称道的窈窕的身材，一尺六的细腰，正是“二战”她与母亲躲藏于地下室时，因食物匮乏而营养不良造成的。那时的她十来岁的年纪，母亲家族带有犹太血统的谣言让纳粹趁机没收了所有的财产，还枪杀了赫本的舅舅，一贫如洗、食不果腹的母女二人常常用郁金香的球茎和绿豌豆粉作为食物。

天性优雅的贵族少女即使在战时也不忘偷偷练习最爱的芭蕾，战乱并没有使优雅褪色，而是为赫本增添了一层平民的真实和一颗悲悯之心。当赫本穿上硌脚的木质舞鞋，为荷兰秘密游击队表演募捐时，她眼神中的乐观和纯真具有惊心动魄的魔力。

舞毕，没有掌声没有喝彩，只有若有所思企盼和平的人群，但是若干年后的她回忆起这段光阴，她说这是她最好的演出。

除却募捐活动，胆大如她，还曾为游击队员送过情报，世间事就是这么难以捉摸，谁曾想到和平一到来，那个战时还骑着脚踏车穿行在地下据点的小女孩转眼会成为名耀全球的夺目明星，更有趣的是，参与解救了赫本一家的那场战役的坦克军官特伦斯·杨，若干年后导演了一部《盲女惊魂记》，而主角正是赫本。

小女孩为着芭蕾梦和寻找父爱来到了英国，芭蕾舞学校高昂的费用让赫本不知所措，于是开始在电影中跑龙套。祸兮，福之所伏，当赫本因为身高和体重等问题被告知不适合做芭蕾舞者的同时，她凭借多年的歌舞团演出经验成为音乐剧《高跟鞋》的合唱团员。

1951年，奥黛丽·赫本首次在电影《天堂的笑声》中出镜，虽然演出的角色微不足道，但其娇媚的面庞和高雅的气质还是留给观众惊鸿一瞥的印象。后来，她又在电影《双姝艳》中展露舞技，与此同时，她又接演了另一部电影《蒙地卡罗宝贝》的拍摄邀请。而在该片拍摄期间，奥黛丽·赫本又意外被音乐剧《金粉世家》的导演看中，邀其出演该片女主角，这也标志着她从此进军好莱坞。

不久，奥黛丽·赫本又被推荐给威廉·惠勒，参加了电影《罗马假日》的视镜，在剧组全票通过的表决下，赫本一路高歌猛进，成了这部电影的女一号。

这部风靡全球的电影以迅雷不及掩耳之势将赫本推到了世界的浪尖上，赫本在片中优雅高贵的公主气质以及那天真无邪的赫本头，都使她赢得观众和媒体的一致好评。有影评人激动地说："以为新嘉宝诞生了！"不久，她拿下奥斯卡最佳女主角奖。三天后，凭借在《翁蒂娜》中的精彩表演，她荣获东妮奖的殊荣。

青春优雅的女子，不知是多少男子梦中的天使，而纪梵希就是站在她背后整整40年的形象设计师。很难想象，如果没有纪梵希，赫本是否依然能成熟高雅；如果没有纪梵希，平底鞋、三分袖、紧束腰身、立领套头毛衫、夸张黑色太阳镜是否能展现在大众眼前。作为纪梵希的缪斯女神，到底是奥黛丽·赫本成就了纪梵希，还是纪梵希创造了奥黛丽·赫本？但不管真实情况如何，谁主谁副早已不重要。

纪梵希与赫本共同创造了一个神话，自从与赫本相见的那天开始，纪梵希就开始通过头脑而不是眼睛设计服装。他使赫本登上时尚的舞台，他们在一起的友情比她和任何一任丈夫都来得更为长久。他为她设计的戏服包括了《滑稽面孔》《午间的爱》《梵蒂尼早餐》《谜中谜》《怎样偷窃一百万》，甚至还设计了她第二次结婚、儿子受洗时所穿的礼服等。

赫本曾在媒体面前直言道："有一些人是我深深爱过的，他是我所认识的人里面最正直的一个。"而多年之后，纪梵希也无不感慨："在每一场发表会上，我的心，我的笔，我的设计都是跟着奥黛丽走。奥黛丽虽已去世，但我仍然感受到她与我同在。"

这样一个美丽高贵的女子，在拥有如此纯粹友情的同时，又有谁能虏获她的芳心，能够得一吻芳唇，沾染天使的荣光呢？

赫本的初恋是在不经意间发生的。詹姆斯·汉斯，这个世界上最英俊的绅士，拥有雕塑般刚毅的面庞和柔肠百转的笑容。在打马而过的青葱岁月，不用太早，不用太晚，一切刚刚好。他们于梦幻般美好的《罗马假日》相遇，电影里至纯至美的丰富情感在现实生活中得到了延伸，感情的枝蔓越过理想通向了现实。

然而，他们终究未能在一起。《罗马假日》的走红让赫本一夜成名，她成为镁光灯下一朵缓缓绽放的耀眼玫瑰。很快，她认识了好莱坞著名导演梅尔·菲尔，那个可以带给她巨大成功的男人。

那年，奥黛丽·赫本爱情事业双丰收。在刚刚拿下奥斯卡最佳女主角不久，便同梅尔·菲尔共同走进了婚姻的殿堂。新郎蓝色的眼睛下隐藏着无奈，只是新娘太过欣喜，不曾察觉。

梅尔的移情别恋带给赫本致命的打击，从此她兜兜转转，辗转于婚姻的殿堂，却永远无法安定。虽然她心有怨恨，却从未表露太多。只是，恐怕赫本至死都不知道，从梅尔遇见她那天起，她便是他生命里的日光，驱散他心中所有的阴霾，灿烂在他灵魂的最深处。

晚年的赫本在经历了跌宕人生后走出镁光灯的照耀，将事业重心转移到慈善事业。她高贵而朴实的内在为自己赢得了联合国基金会儿童特使的称号，为此，她多次走访非洲，关注和关怀受困儿童，为孩子们呐喊呼吁并积极组织募捐。

由于她的这些慈善活动，赫本于1988年获得了奥斯卡人道奖。她美好的心灵与高贵的人格如同她的电影一样灿烂人间。

1992年赫本因结肠癌住进医院。

1993年，在得知奥黛丽·赫本病危的消息后，德蕾莎修女命令所有修女彻夜为她祷告，祈求赫本能够康复。这天，祷告声传遍世界各地。同年1月，天使受到上帝呼唤，飞回了天堂。

在赫本病危临终前，纪梵希用私人飞机把她从美国护送回瑞士的家中。77岁高龄的梅尔也来了，他拄着拐杖，步履蹒跚地看着花丛中的赫本，她微合双眼，像一抹夏日雨后的睡莲，纯洁而安静。

岁月蹉跎了美人的容颜，在梅尔眼中，却依旧是那个不生娇羞的烂漫女孩儿。他在棺木前扶了许久，轻轻呼唤着她的名字。但她听不到了，永远也听不到了。棺木前的男子无语凝噎，低下头，轻吻棺木，缓缓道："你才是我一生中最爱的女人。"这恐怕是最为动人而真挚的情话了吧，可惜佳人不在，如隔千年。

这天，赫本的两任丈夫，晚年的男朋友和纪梵希共同为她抬棺木。到底是怎样的女人，可以让一生中所有的男人不计前嫌聚到一起。赫本走了，但天使的光芒普照在每个人心间。她的美，不仅是容貌的清雅脱俗，更有内心纤细的花枝能在月光下曼舞，抵御身外之物的严寒与羁绊。她是带刺的黄玫瑰，盛开在荒漠的沙漠，她是纯洁的蓝莲花，绽放在高山之巅。

她的美温煦活泼，既不高傲亦不冷眼。她永远不知道自己有多么美丽，或许只有这样才能算得上真正美丽的女子。

3.3　陆小曼：如果浮生乱了流年

曾经的繁华而今已然成了岁月的长风，飘扬的烟尘或是明轮转过的痕迹。叹息好一个倾城的瞬间，在流年的回眸时化作了娇艳的玫瑰，也许谁也无法执着那无边的风月，就为那如霓虹般绚烂的一刻带上无以言说的风采，在一个不及回味的天堂里，展现眉眼半分的感动。

都是在不知道的明天里为过往的美丽怀念，原来的傲气是黑夜穿越城市上空的烟花，有过奇妙，但为深情的眼神中难以割舍的刻骨铭心而无法陨落，多彩的火花俨然记忆中黑夜里永远的光晕。

江南的烟雨滋养了一位风姿绰约的佳人，那轻拂杨柳的细风间是瓣瓣似水的柔情。本来一位大家闺秀，又出落得脱俗清秀，书香的袭染，笔墨的映透，在无意间便是含香怀瑾的女子。

世人都知道陆小曼才华横溢，都知道曾经的她风姿万千，但又如何明了这是她多少个日夜的静坐黄灯换来的。陆小曼的父亲陆定是晚清举人，学识较厚，又是日本名相伊藤博文的得意弟子，毕业于早稻田大学，思想上正统而又进步，故而他对陆小曼的教育也是典雅而不失特立的。

在那个好似黑白色调构成的时代，一切都是灰蒙蒙的，而陆小曼的才华是中西兼备的，聪颖且勤奋的她十六七岁时便已通晓英语、法语，这既是她学力的进取，也离不开艺术的熏陶。钢琴的悠扬，油画的浪漫，无不表达着她生命的别样，所有的这些与她母亲的培养是分不开的。

其母吴曼华不仅古文功底好，而且善工笔，陆小曼对画的喜爱，也是受她母亲的影响。满身的才气注定了她的风华绝代，生活的流转是在每一份喧嚣的氛围中滑落不安，坚守内心的宁静。一代才女的风华虽然媚了人间，也是向往非凡的勇敢。

每一次为亮丽喝彩的时候，能否记得一个如此的存在，流水的年华中那些激动的故事，蓦然回首的时候，犹如昨梦前尘。陆小曼的才好似空谷的幽兰，能在浮华的世界流露出缕缕安宁的气息。然而她的气胜于才，永远想追逐内心真正的向往，虽为娇娇女儿却志胜男子，她因才思灵动而自信，也应自信而神采傲然。

学生时代，既有南方女子活泼聪明又有北方女子端庄爽朗的她是那个时候的校园皇后，走在中心花园的时候也为那时的自己而骄傲。她的身边当然不乏为她倾慕的男子或是替她拎包的青年抑或是帮她持衣的公子，这并非是虚荣的满足，而是人生风采的见证，见证了她价值的彰显。

一次偶然，18岁的陆小曼参与了外交的翻译工作，那样的工作让她接触了更多新的思想，父亲的肯定促使她成了名噪一时的社交名媛。她身上展现的是一位小小女子的巾帼精神，为维护国家民族的声誉而勇敢地挣扎，三年的外交生涯见证了她的飒爽英姿，然而生活在那样古今交替的时代有太多的无奈，为流传千百年的传统而无力抵抗感到无奈，为那样一个时代的弱女子婚后的惨淡感到无奈。

虽然说有丈夫王庚将军的疼爱，但更多的却是约束，没有相伴。谁能了解那样一个心高气傲的女子在处处束缚中的压抑与痛苦，谁又能知道生活中无边的孤寂是在湮没向往自由欢乐的心灵。

并非是不能安于平淡，这种性情或许没有几人能够理解，或许是没有几人真正地愿意去理解，即使那一场与徐志摩相识是人生中的注定，那也是在缘分中诉说着人生际遇的无常。

很多时候人们都认为风度翩翩的江南才子，和恰似含露玫瑰的才貌佳人的相遇相知，或者说相爱是理所当然的。不错，徐志摩的确是一位才情很高的诗人，懂得世间的万千风情，他的诗充满了炽热的情感，在抒发人间真情的同时表现出了生命的真和美，在或是伤感或是轻松的时刻，引起了内心共同的感动，如何叫人不喜欢；在艺术的熏染中成长的陆小曼，也是希望人生的深情，这既是对艺术的寄托，也是对自我的追逐。

其实很多时候，两个陌生的人从相知到相爱，不是他们在精神上相通与认可，重要的是，源于内心的惺惺相惜，这份相知或许在某一个不经意的时刻，那时他们相互诉说着自己或是伤感或是遗憾的故事，在细心聆听的时刻互相宽慰，宽慰心中的忧伤，这便是相知，因为他们能够相互理解，因为他们能够相互怜惜。

单调的生活让向往孔雀开屏似精彩生活的陆小曼感到枯燥和痛苦，那是真正的痛苦，好似一个只能用耳朵来听声音的盲人，即使今天的人们难以理解，但依然真实。

她多么期望自己的丈夫带来的不仅是物质上的保障，能够理解她体谅他，然而人间之事多不尽如人意，她的等待、她的忍耐，却一次又一次以失望愤怒而结束，或许真的只有徐志摩才真正地理解她、懂她，在徐志摩那里她获得的是轻松与快乐，他们游长城、逛天街，虽然只是行走，却是在平淡的生活中蕴涵珍惜，珍惜那每一次的小小感动，西山看红叶、来雨轩喝茶便是生活的情调，至少于陆小曼而言是如此的。

徐志摩对陆小曼的疼惜，不仅仅是只管她的生活，他可以带她去拜访名家画师，可以陪她去听戏，可以陪她去打牌……

虽然迄今对徐志摩和陆小曼批评的人太多太多，为他们的德行而愤怒，然而那样的时代造就了那样的婚姻，徐志摩与张幼仪、王庚与陆小曼，或许在最初的时候便是凄凉的开始，批评的同时也该感叹他们的勇敢与真诚。确实，于张幼仪，徐志摩是无情的；于王庚，陆小曼是叛逆的，可谁又理解他们的真爱?

陆小曼的人生真的是悲情人生，婚后与徐志摩也是在磨难中生活，虽然和徐志摩结婚，依然一直得不到徐父的认可，流产的后遗症也在不停地折磨着她多愁的身躯。这个时候的陆小曼既要面对家庭的尴尬，又要对付多病的身体，如此煎熬中的生活，又将以什么样的态度告白人生的哀愁，苦闷的陆小曼，虽然有丈夫的疼爱，但聚少离多，数不尽的思绪总是缠缠绵绵。

需要呵护的她在这寂寥的时刻认识了翁瑞午，即使到后来陆小曼依然说她和翁瑞午是“只有感情，没有爱情”，但不可否认，此时的她确实和翁瑞午相濡以沫。不错，因为她身体的多病便离不开翁瑞午，在身心的痛苦中，她学会了隔燈并枕，学会了吞云吐雾，或许这是堕落，可谁又知道她内心的苦楚与无奈?

在久卧病榻的日子里，那些无法言说的纠结，是在将一个活泼灵性的心灵烧成灰烬。

在那些回不去的过往里，有曾经幕幕欢歌笑语的画面，悲痛曾经的一切，包括泪水。当1931年11月那个晴天霹雳的噩耗传到陆小曼耳朵的时候，她的神情痴了，恁她怎么也没想到自己真心相爱的丈夫就这样永远地离开了自己。那一刻，他结束了人生的旅程，那一刻，她不知所措。

他们的真爱在这个时候变得更加浓烈，生前的他们怎么也没想到人生最珍惜的时候那么容易消逝。陆小曼的伤痛，只有寄在了人生感慨和徐志摩的文字中。在那以后，陆小曼才真的认真动笔写东西，《云游》《哭摩》是陆小曼内心真实的独白，似水的流年此刻却忘记了浮生的漫漫，追寻过往的日子，半丝牵挂半丝缠绵，终将是那看不见的模糊。在陆小曼几年后又整理的《眉轩琐语》《爱眉小札》，那是徐志摩记录的他们相爱的点点滴滴，那些深情的呈现，在此时却是陆小曼不尽的思念和无法忘怀的感动，也许人生执着地寻找的那一份深沉，在半亩玫瑰花开的日子以绚烂的姿态照见留不住的过往和无法预知的未来。

相比历史的长河，人生的轨迹仅是漫长的乐谱中一个跳动的音符，陆小曼29岁就已丧夫，年轻的她病魔缠身，人生的苦楚，让孤独的她希望能有一个依靠，此后的几十年间，虽然和翁瑞午朝夕相处，却是生活的无奈。

她对徐志摩依然是一往情深的，虽然一直以来因为此事受到别人的批判，但是谁又理解她内心的真诚?

3.4　戴安娜：幻城里的微风

那年春天，白色婚纱，绝代芳华。一场世纪婚礼轰轰烈烈地举行，空气中的甜蜜如同维罗尼亚花朵般盛开，白金汉宫阳台上的一吻，让世界为之动容，仿佛永生相依的金黄诺言。

童话般的情节总是更容易令人们动容，灰姑娘的神话呼之欲出。在长达七米的浪漫裙摆之内，七亿双眼睛共同见证了那双美丽的水晶鞋，见证了一场浪漫的婚礼。

曲终人去，天上人间。多年后，在一段被公开的录音带里，童话里的公主如是说道："我的心像死一样平静，我感觉自己像待宰的羔羊。"

生活不是童话，尽管在公众的视野里，一朵娇艳的英格兰玫瑰兀自盛开着，可在看似明媚的笑容之下，却潜藏着巨大的隐忍与悲伤，是枷锁，还是噩梦，抑或是命定的劫难？她深深沉沦，渴望一场自我救赎。

她是戴安娜王妃，她拥有全世界女孩最羡慕的爱情，还有无限的荣耀与权力。可是只有她自己知道，那是一个外表繁荣的躯壳，冰冷，空洞，没有温度。

1961年，作为奥索普子爵夫妇的第三个女儿，戴安娜出生了。家族虽然是贵族，但却与王室有着不浅的交情。8岁那年，父亲与母亲的情感破裂，结束了痛苦的婚姻关系。戴安娜跟着母亲与富商彼得·凯特生活在一起，继父是性情中人，开朗而有趣，那是一段单纯而快乐的时光。

16岁那年，姐姐莎拉认识了查尔斯王子。不知是出于恋爱的火热，还是虚荣心作祟，莎拉总是喜欢站在舆论浪潮中，让所有人都认为她将是英国未来的王后。因此，查尔斯很快冷却了与她之间的关系，倒是注意起有一些婴儿肥又不喜欢化妆的戴安娜，觉得她“活泼有趣，怪招人爱的”。

爱情是盲目的。两人无论在身份还是爱好方面都有着巨大的差别，却依然为彼此的新鲜感所吸引。查尔斯是剑桥大学毕业生，戴安娜却是个连补考都不及格的高中辍学生；查尔斯特别热衷马上活动，戴安娜10岁后便不好此道；查尔斯爱听歌剧，戴安娜则酷爱流行音乐；戴安娜擅长网球，查尔斯却宁愿去河边速写。

除了王子的身份，这本是俗世爱情中经常发生的戏码，并没有什么特别。作为继承人，查尔斯其实很喜欢单身生活，他有一套不愿妥协的生活规律，也有一颗并不安分的心。只是，白金汉宫的巨大压力使他必须要面对婚姻，而戴安娜已然成为最佳人选。

那日，她接到王子的电话，在瑞士滑雪的他凝重说道：“等我回来，有重要的事情商量。”出于女人的直觉，戴安娜知道，女人一生最期盼的时刻即将来到。

冗繁的婚礼筹备过程像是一场长长的梦，在这个梦里，观众比主角更加投入。很多个恍然瞬间，戴安娜忘记了自己是谁，她感到自己快要与那面叫作王妃的面具融合在一起，无措，也无味。

婚后，当斑驳的现实覆盖了玫瑰色的理想，戴安娜终于明白——这只是一个角色。有时两人分明在一条私人游艇上，却不能耳鬓厮磨，像一对爱人那样相处。他们的世界里，站着两百余名船员与官员，故事的主题永远是西装革履的查尔斯在与有关人员商讨事务。冰淇淋成了她最亲密的伙伴，她总是默默坐在一边，让冰冷的触感与舌尖邂逅，直到心里。

后来，残酷的现实以最荒诞的方式登场——卡米拉的照片从查尔斯的日记本中掉出来。公主的梦想瞬间破灭，那一刻，她听到了自己身上每一个细胞的愤怒与啜泣。不久，戴安娜怀孕了。这个消息让整个王室和不相关的人们欣喜若狂。可王子的冰冷让戴安娜十分伤心，她同其他孕妇一样渴望获得丈夫的爱，可是，这份爱又是那么的遥不可及。

与此同时，在世界的另一个维度里，戴安娜仍在扮演着幸福女人的终极代表。她是记者和媒体的“宠儿”，她优雅、漂亮、迷人，不管是到美国白宫出席活动还是在英国国内亮相，她的风采总能令人叹服，她的知名度是世界级的。

婚姻里的隐形人身份让戴安娜很沮丧，与此同时，她将更多的经历放在了其他事务上，尤其是公益事业。人们关注着这位美丽的王妃，在意她的任何一点消息。她的穿着被封为时尚流行的风向标，报纸杂志上总是出现她的名字，不论是小王子的出生，还是去探望艾滋病患者、怀抱黑人小孩，在媒体的世界里，她的故事光彩照人。

如果选择长久的妥协，或许故事就会转向另一个轨道。可是戴安娜没有，在一次印度的活动中，当查尔斯作秀的嘴唇要亲吻妻子的脸庞时，戴安娜果断地调转了方向，媒体敏感地捕捉到了这一幕，挖出两人为时已久的冷战关系。

事实上，这正是戴安娜作出的果断选择。她要利用媒体给王室施加压力，来达到离婚的目的，她不再想做这场空洞的表演。皇冠带来的只有无边的虚空，没有丝毫幸福。

从貌合神离到公然破裂，童话彻底化为泡沫。当王子找到了另外的依靠与安慰，最残酷的新闻发生了：王子与王妃协商离婚，戴安娜保留王妃身份。对比那一场世界婚礼，这则新闻中的画面无比讽刺。

于戴安娜而言，这个选择却像是卸下了最沉重的负担，她终于可以做回自己，去追寻想要的生活。

1997年8月31日，当恢复自由生活的戴安娜和她的绯闻男友于一场车祸中香消玉殒的死讯出现在每一个电视屏幕上时，世界仿佛陷入了癫狂的悲伤。她是永恒的英格兰玫瑰，她坚强，倔强，勇敢，是人们心中永恒的王妃。

她曾真诚地追寻旷世之爱，可是命中王子回报她以冰冷的背影；她虽踏上了现代灰姑娘的南瓜车，却只能暗享悲伤。可她却是世界王妃的典范，她有着一颗慈善之心，可以怀抱患有艾滋病的婴孩低声而泣，她的美丽大方而经典，可以轻而易举地引领时尚潮流，世界因她而熠熠生辉，她在生命里最灿烂的季节飘零，却留给世人最美丽的传奇。

皇冠不等于幸福，这是她用生命留给天下女人的忠告。爱不是表演，不是虚荣，只是寻常生活里的温暖细节。执手平淡流年，才是抓住了爱的真谛。

3.5 张爱玲：苍凉与孤绝的人间烟火

无论时光怎样流淌，时空怎样转变，那位离世人渐行渐远渐无声的傲骨才女，依然以其无以比肩的文笔细细缝补着读者的内心世界。时间被风化，“张爱玲”却如一枚深深的印记，在时空的长河里历久弥新，根植于每个“张迷”的心中。

人们力争找到一个合适的关于她的叙述点。无疑，关乎文学，关乎成名于世的《流言》《传奇》《倾城之恋》《沉香屑》《半生缘》……最后，没有人弄得清，到底是上海成就了张爱玲，还是张爱玲成就了上海。

只知道即使在文学得不到认可的年代，她依然可以靠那些斐然有色的文字来冲击人们的视野。她的笔下，常常出现的是悲苦的爱情和千疮百孔的婚姻，而文字中的大多女性悲惨、沉沦，这是她在那个特殊时代结合自己身世对所有中国女性的最终定位。

也许是作者本身对自己的未来没有太多信心又太过迷茫，所以在她笔下，从来也看不到在惨遭命运折磨后变得奋起且激进的女性，反而是继续堕落下去，最后的结局让人们觉得悲不胜悲。

而对现在的我们来说，虽悲却也真实。

亦如“世间安得双全法”，在不平凡与平凡之间，超拔与卑微之间，她一生耀眼，却又一生悲苦！没有人写张爱玲不写胡兰成，不写他们之间的过往或疏离。

三年的婚姻，于胡兰成而言，只是弹指一挥间。就像落在肩上的秋叶，转身，只要轻轻地抖落，过往何尝不是衣襟上的半粒尘埃。而谁知道，对张爱玲来说，这三年，却胜过三生三世。

总以为，若能爱得宽容，结局定会圆满；总以为，因为爱得慈悲，就可以给那才子的惯性风流和浪荡一个永恒的终结；总以为，因为快乐，所以在一起，即使分手，也会心怀坦荡。

然而，怎奈命运无常，冥冥之中仿佛早已注定一辈子的孤单终究会走向穷极一生的恩宠难回。

年少的人们，时常会觉得，这样的结局狠狠地践踏了心里那一份薄薄的纯真的爱恋；更会觉得，它玷污了天下所有深情女子的美好期许。枉一代清高的才女可以为你，胡兰成，变得很低很低，多么像一场华丽的骗局！

也许是“花未开全月未圆”，人们常想，结局还可以圆满一点，他们亦可以圆满一点。只是，缘分和际遇一直不曾垂青于张爱玲。

然而，张爱玲却从来就没有恨过他，因为一开始，她就知道，总会有终结。一封绝交书，她写得够洒脱，附着不再爱他的信誓旦旦，但每一位读此信的人都能想象出来，信上的每个字都曾深深地刺到过她的心里。

可是，对她来说，他却是最懂她的知己。短短三年，可以超乎一个世纪！因为，真正走进过她内心世界的，也唯有他而已。

就算世人并不了解也并不看好他们的爱情，或都在为张爱玲惋惜，她都不在乎，她不以众人的价值观来评判他，她心中甚至少有政治概念，她只是爱他，只是把他当成一个懂他的男人，懂她血统里的高贵，懂她童年的不幸……她毕生所寻的，不过是一个懂她的人，所以，她宁愿低到尘埃里去爱这个男人。

这段时期成为张爱玲创作的黄金时期，他们一起讨论写作，胡兰成给了她不少写作的灵感，在某种程度上，他的激发为她锦上添花。

1944年，胡兰成也来到湖北，与张爱玲长期分离。来武汉不久，他就和17岁的小周护士如胶似漆，当张爱玲还是一如既往地写信给他时，风流的公子这厢早已抱得美人归了。

后来，日军投降，胡兰成顶着汉奸的臭名只能东流西窜，并且改名换姓，他逃去浙江，流亡中，也不忘风流，向来高傲如张爱玲，终究在“千里寻夫”后意识到，这场爱情走到了尽头。

张爱玲的坚守换来的是胡兰成的轻言背叛。也许，他没有错，错的是那段曾经被阴差阳错重叠在一起的光阴。过去了，无论快乐，无论悲伤，都只有留给时间，让时间尽可能地把悲伤融化，把快乐扩大。

我们亦是，每每生命里遇到的，不一定都是可以交付一切的人，不一定都是可以相约到未来的人，也不一定都是互相在乎的人，过去了就过去了，假如真的都漠然了，那也没什么。

张爱玲也许可以证明，这个世界没有谁真正离不开谁，即使现在是，也许将来就不是。我们悲观，是因为有太多的人无法经得起考验；但我们也不悲观，是因为我们相信还有不变的真情在，如赖雅和她。

后来，一代才女远渡重洋，奔赴美利坚。于风雪中，在酒吧里，她认识了大她三十余岁的德国作家赖雅。也许，在这位才子的世界里，她找到了真正的共鸣与理解，于是，他们结婚。没有轰轰烈烈的传说和故事，却得以厮守到老。张爱玲陪他走完一世，最后的几年里，他一度病得很严重，张爱玲开始为他四处奔波筹集医疗费用。直到这时，她才成为一个普通而真实的女人。

这场婚姻持续了十一年，这些年，她得到了胡兰成不曾给过的爱，得到了平静与安逸，得到了在英文写作上的巨大进步，只可惜，赖雅多病的身体使得他们的日子并没有一如既往地平顺下去，这在某种程度上也影响了她写作才能的发挥。

为了能够给赖雅治病，她不惜损坏自己的身体，夜以继日地工作，但是为了钱而写作，这些作品基本无法走红，经济上的窘迫，注定他们只能过一种漂泊的生活。

作品久久无人问津给了张爱玲很大的打击，她觉得自己被抛弃了。

1967年，赖雅去世。他的离开算是对张爱玲的人生做了彻底的告别，对她来说，是解脱，也是巨大的损失。在贫困与拮据中，两人相依为命，互相温暖整整十一年。

但对张爱玲这样一个极富才华的作家来说，这又是如此灰暗的十一年，精神和身体的双重重负对她的写作带来致命的伤害，是她的损失，也是那个时代的遗憾。但想必，赖雅给她的，将是她生命中的唯一一抹亮色，即便生活是苦，心也是甜的。

赖雅走后，张爱玲深居浅出，没人知道，没人拜访。一辈子的她，都注定是一只孤雁，四处漂泊，只余一个人的轨迹在天空，偶尔的有人陪伴，也只是短暂的停留。她的作品里，构造了很多种爱情故事，但无一例外的，它们的形态和现实中的张爱玲一般伤痕累累，一般无望，一般寂静地陨落。

最后，她一个人静静地躺在地毯上，离开人间。

当黎明的曙光一点点冲破黑暗洒向大地的时候，大地还原安详，淡淡的，就当一切从没有发生过。

这便是人生，这便是张爱玲。作为人生中的匆匆过客，也许谁都不知道，下一刻，谁会是故事的主角。唯愿，结局可以圆满一点。

3.6 秀兰·邓波儿：从未衰老过的天使

一生中最值得怀念的，往往就是我们天真烂漫的孩提时代，从懵懂无知地对妈妈吵嚷着“我要吃糖”的年纪，到悄然成长着，为自己努力的时期，我们收获的是最无忧无虑的时光。每每回想起来，那段模糊了还依然清晰的记忆，总是会让人会心一笑。

不同的环境赋予我们不同的童年生活，或在家里衣食无忧，或奔忙于各类兴趣班充实自己。而她，却从4岁就走进了大荧幕，凭借自己灵动早慧的性格和灿烂无邪的笑容，深入了全世界电影观众的心。她就是那个永远笑着，露出可爱的酒窝，还有着一头漂亮卷发的童星，秀兰·邓波儿。

秀兰·邓波儿出生在美国的一个普通家庭，父亲是一名银行出纳员，母亲则是家庭主妇，专门照顾她的生活。然而天资独蕴的秀兰·邓波儿从小就对音乐产生了浓厚的兴趣，于是，自己没能从事艺术工作的母亲，在她3岁时就将她送去舞蹈学校学习，既是对小秀兰的培养和熏陶，也算是完成母亲自己的梦想。

让人惊讶的是，3岁的秀兰·邓波儿就已经开始展现自己的表演天赋，她的水平一点也不比其他年纪更大的孩子差，没过多久，她就被一家制片公司的星探发现，签下了演出合约，出演一部二十六集的系列片《小听差》。那时的秀兰不过4岁，需要妈妈每天为她朗诵剧本才能背下台词。第一次的表演虽然稚嫩，却毫无其他孩子的骄纵和不听话，自然亲切的表演为她赢得了影视界的好评，让她几乎成为当时最具潜力的童星。一年后，秀兰·邓波儿被著名词作者贾伊·戈尼发现，被其邀请参与了当时正在编写的爱国歌舞剧《起立欢呼》。

从那之后，精明的制作方与秀兰·邓波儿签下长达七年的合约，并为她量身打造了一部专门凸显她表演天赋的电影《亮眼睛》。在这部电影的海报上，秀兰·邓波儿的名字第一次出现在显眼的位置，这一次的演出也为秀兰·邓波儿的演艺生涯打下了坚实的基础，甜美的酒窝，可爱的卷发，一股“秀兰·邓波儿”的潮流开始风靡。

短短几年内，秀兰·邓波儿出演了《新群芳大会》《小公主》《小情人》等数部影片，在这些风格各异的影片中，她总是一副自信满满的模样，穿着大人的衣服，跳着可爱的舞蹈，用童真稚气的嗓音唱着属于她自己的歌，电影部部叫座，秀兰·邓波儿无疑成为了当时最卖座的影星，甚至连一些名气响亮的大牌明星都无法与她匹敌。

20世纪30年代的美国社会正处在严重的经济危机之中，人们的生活萧索无望，而秀兰·邓波儿的出现，给了绝望的美国人民胜利挺过危机期的信心和希望。有这样一个古灵精怪的小姑娘活跃在荧屏上，谁会不相信她是上天派来解救长期处在压抑和苦难之中的自己的呢？她甚至为复兴美国经济作出了巨大的贡献：与她相关的丝巾、手帕、娃娃等产品，都深受广大观众的喜爱，在百货公司遭到了哄抢。

就这样，1934年到1939年间，她每年都位列美国“最受欢迎的十大明星”之中。当同龄人还在对父母撒娇想要一件橱窗里仰望了很久的新衣服时，秀兰·邓波儿已经完全靠自己获得了她想要的甚至不想要的一切，还能够靠自己来帮助父母。

尽管如此，秀兰·邓波儿却没有得到她所向往的童年生活，在后来的回忆中，她说：“我只过了两年懒惰的婴儿生活，以后就一直在工作了。”张爱玲说“出名要趁早”，秀兰·邓波儿无疑是对这句话的最好诠释。在花儿一样的年纪就受到了全世界的瞩目，这是她的幸运，在一定程度上，却也是她的不幸。

相比同龄人，秀兰·邓波儿的早慧让人不禁心生几分惋惜：6岁那年，妈妈带她去商店看圣诞老人，那位圣诞老人居然向她索要签名。因此，“我6岁就不相信圣诞老人了”。一个本该天真无邪的孩子，就这样失去了她对世界最初的懵懂幻想，实在令人感到可惜。

而她的童年生活更是经受了巨大的精神和身体的双重压力，她每天都要工作数小时，还要跟随老师学习，每当她在片场表露出疲倦和困顿，都会受到严厉的责备。所幸有妈妈为她保驾护航，妈妈从不允许她受到外人的欺负，当妈妈看到有导演用吓哭她的方式来完成需要的镜头时，立刻上前制止，并再也不让她独自拍戏了。

20世纪40年代，秀兰·邓波儿已经不再是那个稚嫩的小女孩，而成为一个亭亭玉立的少女了。此时，她的清纯形象依然备受制片方的宠爱，然而公司的失误却让她错失转型的好机会，对米高梅公司电影《绿野仙踪》的放弃，成为她电影生涯的末路，短暂出演了《小孤女》等几部反响平平的影片后，她退出了影坛，专心过自己的生活。

1943年，她与同学的哥哥约翰·阿加尔相恋，两年后结为夫妻，并养育了一个女儿。可惜阿加尔婚后贪杯，且热切地想要做一名演员，与秀兰·邓波儿的志向并不吻合，两人在相处短短数年后就离婚了。

上帝并未忘记这位笑容迷人的天使，在她去夏威夷散心时，遇到了查尔斯·布莱克，这位毕业于斯坦福大学和哈佛大学的高才生并不像她的一切追随者那样，他竟从未看过秀兰·邓波儿的电影。秀兰·邓波儿对他一见倾心，两人很快结婚，秀兰·邓波儿也在此时正式结束了演艺生涯，随丈夫一起迁居旧金山，过上平凡人的生活。

息影后的秀兰·邓波儿并没有像其他一些“过气童星”一样，走上颓废的沉迷烟酒的道路，反而是选择了投身政治，成了一名共和党的拥护者和支持者。1967年，她被推举竞选共和党议员，虽然落败，却因此开启了她的政治生涯。两年后，她被尼克松任命为第二十四届联合国大会美国代表团的成员。

此后，秀兰·邓波儿还出任过美国驻加纳大使和美国礼宾司司长，是美国历史上第一个担任这两种要职的女性。连福特总统都用“一流”来评价她的政治头脑。

1977年，秀兰·邓波儿到中国访问，此时的中国才刚开始认识几十年前那个留着卷发唱着歌的小秀兰，在退出影视界的几十年后，“秀兰·邓波儿”的风潮重新席卷了这个大洋东岸的国家。当长大后的秀兰带着成熟的风采出现在中国人面前的时候，观众们怎么也想不到，她和电视里天真烂漫的小童星居然是同一个人。

此外，秀兰·邓波儿也致力于人道主义事业的发展和建设。

她的哥哥身患多发性硬化病，为帮助哥哥顺利康复，秀兰·邓波儿参与创立了“国际多发性硬化病学会联合会”，不仅造福家人，也为世界上其他的患者提供了治疗的机会。这样的慈悲之心，也让她自己在对抗病魔时毫不畏惧，泰然处之。1972年，她被诊断患有乳腺癌，并接受了乳房切除手术。面对这样一个一般女性不愿启齿的问题，她站出来讲述了她的病史和心路历程，成为第一个出现在大众视野里的，具有国际知名度的乳腺癌患者。这份胆识和勇气，让她受到了国际性的赞扬和尊重。

1989年，秀兰·邓波儿出任了美国驻原捷克斯洛伐克大使，这是她最后一次涉足政坛。一流的工作水平为她的政治生涯画上了圆满的句号，已然变成了白发斑驳的老妇人的秀兰·邓波儿，依然在用她的果然和睿智征服着整个世界。

秀兰·邓波儿的晚年生活宁静和谐，一度退出了大众的视野，直到2014年2月，她被发现逝世于自己家中，这位耄耋之年的老人，在经历了一生的浮沉之后，走得安详平和，让人心安。

她死后，无数影星为其哀婉叹息，她不仅仅是一个成功的影星，更是好莱坞一个时代的象征，她的家人发表声明“致敬她一生的荣耀，作为一个演员、一个外交官，更重要的是作为我们亲爱的母亲、祖母、曾祖母以及相伴五十五年的妻子”。声明代表了家人的伤感和怀念，更说出了几十年来同行及观众的心声，连好莱坞官方也表示哀悼，并肯定了她传奇的一生。

人一生要做好一件事并不难，难的是能将每一件事都做到出色，更难的是，当别人都认为不可能的时候将事情做得令人叹服称赞。

秀兰·邓波儿做到了，当世人不相信一个四岁的孩子能自如地出演电影时，她创下了最高的票房纪录，成为一个时代的骄傲。如今，她被美国电影学会评为“百年来最伟大的女演员”第十八名，对于一个小女孩来说，这已是最大的肯定。

当小孩子过生日还在向家人索要礼物的时候，她九岁就收到了来自美国甚至世界各地的生日礼物，超过十三万件。当每个过早收获成功的孩子走上叛逆的道路时，她却重整旗鼓，在与演艺迥然相异的政治道路上稳步前进。她的每一步，都让人为之赞叹。

这样一个精灵一般的童星的陨落，尽管让人感到惋惜，却成为我们永远也不会遗忘的传奇，永远在天空某个角落里闪亮。

3.7　周璇：愿来生不必再周旋

20世纪三四十年代的金嗓子周璇，是那个风雨飘摇的时代里最甜美的声音，最亮丽的颜色，可是，风光的背后是无奈的周旋，如同她的名字。周璇的一生，在亲情、爱情之中反复周旋，直至精神错乱。绚烂之后是生命不断的试炼，上天打造了一个迷宫给周璇，在这迷宫之中，这个脆弱又坚强、单纯又世故的女子，徘徊良久，迷茫无助，却没有人能够带她离开那个周旋良久的迷宫。

周璇，1920年出生于江苏常州，原名苏璞，璞的意思是未经雕琢的美玉，寄予着父母对周璇的期望，他们希望女儿能够一生无忧，天真淳朴。可是，事与愿违，周璇自年幼便开始经历挫折和磨难。周璇年幼的时候便被舅舅拐卖给了王家，自此改名为王小红。王家夫妇离异之后，周璇又被送给了一户姓周的人家，改名为周小红。

辗转的童年生活给周璇留下了难以磨灭的创伤，她曾经在

《我为什么出走》中这样回忆："6岁以前我是谁家的女孩子，我不知道，这已经成为永远不能知道的渺茫的事了！"

周璇的整个童年，就在亲情的缺失中慢慢度过了，没有家庭的温暖，没有倍加呵护的童年，周璇所有的不过是寄人篱下的小心翼翼和不断地辗转。她的童年是在战战兢兢中度过的，当别的孩子都有父母可以依靠的时候，年幼的周璇已经学会了独立，学会了依赖自己。

周璇的日子过得很苦，也很无助，回忆过去，她这样说道："养母被迫去帮佣度日，那个被鸦片熏黑了肚肠的养父竟丧心病狂要把我卖去妓院当妓女，幸亏养母及时搭救，才免去我一场更大的灾难……那时，日子越来越苦，往往饿着肚子呆呆地坐着，口水直往肚里咽……"

成年后的周璇，虽然得到了许多的称誉，但她却难以摆脱童年给她带来的阴影，在周璇的内心深处，总有一种不安感，她害怕被抛弃，这也是她喜欢唱歌的原因。

《万象》曾经发表过一篇周璇写的文章，文章中周璇写道："我自幼爱听人家唱歌，耳音也好，常常跟着哼，一遍两遍，三遍四遍就能上口了，在学校里，我唱歌的成绩总是第一名。"唱歌是周璇自我安慰的唯一方式，年幼的孩子会将玩具当作自己的伙伴，他们会赋予玩具以生命，音乐是周璇的玩具，也是她最忠实的伙伴，周璇音乐的生命便是她的生命影子。悦耳的音符回荡在周璇苍白的童年中，成了她童年唯一的色彩点缀。

1931年，周璇加入了黎锦晖创办的明月歌舞团，并参演了多部歌剧，在歌舞团里，周璇因为音乐真正成了后来广为人知的周璇。在歌剧《野玫瑰》里有一首主题曲《民族之光》，其中有一句词是“与敌人周旋于沙场之上”，受到了听众的赞扬。因为这句歌词，黎锦晖提议让当时的周小红改名为周璇。自此，周璇因为自己的好歌喉，被人津津乐道，被誉为“金嗓子”周璇。

此外，在影视方面，周璇也取得了不俗的成就，她的一生共拍摄了四十多部电影，几乎每一部电影都受到了关注，当时，周璇、阮玲玉、胡蝶被誉为三大“影后”。但就周璇自己来说，她并不承认自己的“影后”头衔。

1941年，国内政局动荡，世界战乱仍频，但这并没有阻拦大上海的繁华和娱乐。本来“商女不知亡国恨，隔江犹唱《后庭花》”是对商女的批判，但很明显，周璇作为“商女”，远比大众更明白亡国恨的重要性。彼时，《上海日报》如火如荼地进行“电影皇后”的票选，阮玲玉、胡蝶、周璇皆在候选人之中，《上海日报》因为此次票选博得了各界的关注，投票结果也成为了大众的关注焦点，最后周璇被推选为“影后”。

本该感到高兴的周璇却出乎意料地冷静，她明白塞翁失马焉知非福的道理，也知晓“切勿慕虚名而处实祸”的处事原则。顶着巨大的压力，周璇面对“影后”的赞誉，在上海的另一家报纸上刊登了自己的声明，声明中周璇婉拒了自己的“影后”头衔。周璇写道：“顷阅报载，见某报主办1941年电影皇后选举揭晓广告内，附列贱名。顾璇性情淡泊，不尚荣利，平日除为公司摄片外，业余唯以读书消遣，对于外界情形极少接触。自问学识技能，均极有限，对于影后名称，绝难接受，并祈勿将影后二字涉及贱名，则不胜感荷。敬希亮鉴。此启。”

不同于交际场上光彩亮丽的交际花，周璇并不是为了显示自己的谦虚而发表这则声明。在大上海复杂的娱乐圈之中，周璇无疑是一个另类，她并不热衷于交际，也不喜欢应酬，她的私生活也非常检点，在《中国影讯》杂志上，有人这样评价周璇：“周璇小姐是决计不愿意加上一顶影后的宝冕，未免使《上海日报》非常扫兴。不过我们把那则启事分析起来，既不是自我宣传，也不是言不由衷，她说性情淡泊，的确，她在女明星中，是一个好静的红星。”

因为周璇的这种性格，所以对待爱情，周璇始终是以一个独立女性的形象，她不依附也不附和，不盲从也不纠缠，像一个女战士一样在爱情之间周旋。周璇的第一个丈夫严华，是周璇的初恋，在周璇的眼里，严华既是父亲也是兄长，因为童年亲情的缺失，周璇渴望一个人能够保护她，为她遮风挡雨。而严华满足了周璇的渴望，严华教周璇普通话，带给了周璇普通女子应该享有的爱护。

可是，美好的时光并没能持续很长时间。也许是因为媒体的关注，也许是因为两个人的矛盾，也许是因为误会，也许是因为缘分尽了，总之，两个人终究分开了。这次分开，是周璇主动的出走，带着潇洒和落寞，周璇离开了她的初恋。1941年7月23日，周璇和严华签字离婚。

周璇的第二段感情，也是公开的，对象是绸布商人朱怀德。白居易的《琵琶行》里曾说“商人重利轻别离”，商人朱怀德就是一个不折不扣的商人，据说，朱怀德骗取了周璇的财产和感情，并且不承认周璇的身孕。她在报上发表了声明，声明自己结束了和朱怀德的同居关系。

此时的周璇，不仅感情陷入低谷，事业也开始走下坡路。唐棣就是在这个时候闯入了周璇的生命，他们的感情像蒙着一层纱，不理解的人，看不懂也猜不透，旁观者只能看到结局，并不清楚周璇到底经历了怎样一个激烈而复杂的心理挣扎。最后，唐棣因为周璇，被判处诈骗罪和诱奸罪，处以三年的有期徒刑。

这段感情的破灭，是压垮周璇精神的最后一根稻草，生下第二个孩子的周璇开始饱受精神疾病的折磨。外人只知道周璇的风光，知道她的安静，知道她的婚变，却不知道在她寂静无声之时所遭受的巨大的精神折磨。在1943年的《新影坛》杂志上，有人这样评价周璇："无论在她婚变之前或之后，她的私生活，一向是很严肃的。你可曾看见她独个儿在交际场所或游乐场中出现？除非有应酬，她总是难得外出的，这也是她值得为人称道的一点。"

此时，难得外出的周璇，正在跟自己周旋。《世说新语》里曾有一句话"我与我周旋久，宁做我"。周璇所周旋的正是自己。童年的创伤，爱情的挫败，事业的打击，让周璇这个"我"陷入了自我的折磨。

折磨周璇最严重的还是童年的阴影。亲情的缺失，一直是她最大的遗憾，在她病重之时，曾经对身旁的朋友说起自己深埋内心的愿望"我是苦命……一直见不到……亲生……父母"。遗憾的是，一直到去世，周璇还是没有见到自己的亲生父母，虽然她的母亲曾经跟她只有几步之遥。

其实周璇的亲生父母一直没有放弃寻找周璇，1957年周璇的母亲顾美珍到上海来寻找和探望周璇，但是因为当时周璇的精神状况非常不好，并没能母女相见，谁知道，这一别竟然隔了阴阳。

1950年，周璇返回上海，开始参与电影《和平鸽》的拍摄。1951年夏末，《和平鸽》拍摄期间，周璇突发精神病，被送入上海虹桥疗养院治疗。1957年9月22日，周璇由于服用精神药物所引发的恶性综合征而病逝，此时，她只有37岁，却像是度过了不止一生。果然，一生太短，一世太长，周旋已久。

一辈子周旋的女子周璇终于合上了疲惫的双眼，当死神来临的时候，周璇眼前浮现了一生的往事，纷繁复杂，悲欣交集，淡了，疲了，累了，走吧。

“愿来世不必再周旋。”

Part 4

战胜命运

——世上没有绝望的处境，只有对处境绝望的人

4.1 潘玉良：无声之歌，缠绵悱恻

如今的人们忆起潘玉良大抵只知道她是一代画魂，很少有人知晓其实她是个从深深泥沼中挣脱出来的女人。在古今中外的记载中，她是一个传奇，也是一个经典，人们往往把她定位成一个神话，只消静静地闭上双眼，便可以听见她坚定的足音。

潘玉良，原名张玉良，1895年出生于江苏扬州，冥冥之中，她的出生似乎就注定了她的不幸，刚刚来到这个世界，父亲便病故，8岁时，与她相依为命的母亲也撒手人寰，她成了一个孤儿。

无枝可依的她被舅舅收养，但她并没有因为生活的困苦而绝望，反而出落得更加美丽，青春逼人，五官匀称，高高的鼻梁，两颊甜甜的酒窝，加上日渐娉婷的身材，注定她成了一个天生的美人。当舅舅看到如此亭亭的张玉良时，却起了旁心，和舅妈稍作商量，竟然把她卖到妓院当了雏妓，那一年，她才14岁，就这样误入红尘。

在妓院的几年里，她想尽一切办法逃跑，拒绝接客，自杀毁

容，几乎尝尽了所有的摆脱这种命运的办法，却都以失败而告终，那微薄的力量如何能撼动大山?

但她是幸运的，几乎是在绝望之时，她遇到了一生中最重要的男人——潘赞化，这个肯冒各种风险为她赎身的男人，救她于万丈红尘中。

多年后，她依然记得那个场景，那个遇到潘赞化的场景。那时她只有17岁，因气质出众，资质卓越，逐渐成为当时芜湖地界令很多人瞩目的一枝耀眼的名花，也恰好是这一年，正逢海关监督潘赞化来芜湖上任，为了助兴也是为了讨好，当地政府以及商会的人献上她来助兴，她轻启朱唇，轻弹琵琶，一首《卜算子》悠扬婉转，那至今仍挥不去的旋律依然余音绕梁。记得那年那时，在他面前，她的惊鸿一瞥，以及婉转的歌声，无形之中，铸就了一生的情谊。

“不是爱风尘，似被前缘误。花落花开自有时，总赖东君主。去也终须去，住也如何住……”

这样的旋律太过悠长凄婉，太过透彻心扉，平常人看出了一份凄然，唯独他，还看出了一份娇美与无人可识的悲悯，在深深的感动之中，他沉默良久，方才发问，一问一答之后，他道：“倒是有点学问。”

她说：“大人，我没念过书。”潘赞化意味深长地叹息一声，有很多情绪在胸中风起云涌，或许有怜惜，或许有同情，或许也有爱慕。

一旁的商会会长见机，心里想着如何利用她来威胁控制潘赞化。第一天，她去了他家，但是被请回；第二天，同游芜湖时，她竟然像个木头人一样，无法讲出关于芜湖的任何风景名胜，似乎她并不熟悉这里一样，然而，潘赞化却并没有因此看轻她，反而是耐心地跟她讲起很多风景名胜的故事。这一天，她似乎可以忘记自己身份的卑微，潘赞化的亲切和平易近人使她生出一份爱慕之心，最后在她的恳求下，潘赞化留下了她。

他冒着名誉扫地的风险，只是因为她的恳求，他为她买了一些书，教她知识，并且也于无意之中发现了她过人的绘画天赋。

“我把你赎回来，送你回扬州吧。”他还是说出了这样的话，她一听，泪水涟涟，“大人，我一个女子，孤苦伶仃，把我送回扬州，我不是又得无依无靠吗？我恳求大人留下我，我愿意一辈子当用人服侍在大人左右。”

潘赞化是矛盾的，他有妻室儿女，他不忍心委屈她半点儿，但是无可奈何，或许这样的委屈总比放她一个人去扬州要好，他小心翼翼地说出：“我比你长12岁，并且已经有妻室儿女，现在外面也给我制造了很多谣言，但是如果你愿意，我就娶你做我的二房。”

本以为她不会甘愿做他的小妾，出乎意料的是，她欣然同意，眼神里放射出从未有过的光彩，她几乎感觉自己幸福得快要哭出来。从此以后，她便在所有的作品下面署名“潘玉良”，而非以前用的“张玉良”，她说：“妇随夫姓，从此以后，我就是属于你的，没有你就没有我。”

潘赞化并没有为了一己私欲把她留在身边，而是送她去了上海，并且给她找了可以系统教她课程的老师，在这过程中，她也遇到了一个伯乐，一个因看重她的天赋和灵感而免费去教授她美术的老师——洪野先生。

从潘玉良的经历中似乎可以得出一个结论，人生的很多境遇是很难预料的，有时候的奇特命运和人生的转折点就出现在一刹那，对于潘玉良来说，遇上潘赞化就是她这一辈子最大的转折点。

然而，她的人生在遇到他之后也并没有一直一帆风顺，她和潘赞化在上海的平静生活被潘赞化的正牌夫人打破，作为典型的封建社会成长的女子，对于这个突然闯进夫妻生活的陌生女人，她心里充满了怨恨，于是处处与潘玉良为难，只要潘玉良稍有不从，她便会使出各种招数让她难堪。

潘玉良对这种生活充满了厌倦，也疲惫了，在潘赞化的鼓励下，她继续坚持着自己的艺术之旅，她的学习经历非常丰富，先后在法国里昂“中法大学”学习法文，在里昂国立美术专科学校学习油画，又考取巴黎国立美术学院，与徐悲鸿同门，后又考入意大利罗马国立美术学院。就这样一步步，她凭着自己过人的天赋和惊人的毅力取得了非凡的成就。

1926年她的作品在罗马国际艺术展览会上荣获金质奖，打破了该院历史上没有中国人获奖的纪录。在学得一定的知识后，她于1928年回国，并且举办了个人画展，她的成绩越来越明显，第二年任上海美术专门学校西画系主任，在此后的近十年间，她一直都在努力地提升自己，不仅仅为个人举办画展，还为了大众的艺术素养做了努力，如发起成立“中国美术会”等。

但是，潘赞化的大夫人还是与她势不两立，想尽所有办法为难她，想必潘玉良再狠心也是无法与她相对的，一个受过教育的女子也断然不会与泼妇互相算计，但是来自于此的精神压力还是让她陷入深深的泥沼。

在她举办个人的第五次画展时，成功背后却意外地被算计了，展厅里，一幅她的画作旁边被人贴了一张纸条，上面写着：妓女对嫖客的颂歌。这样尖锐的话语犹如一记耳光重重地打在她的脸上，这不仅让她忆起那心酸的往事，也让她自卑于自己的身世。

或许我们无从想到，这个坚强的女子在经过自己的巨大努力之后再次得到这样的评价时心里有怎样的挣扎和痛苦，过去总像迟迟无法消散的烟雾一样缠绕着她，如今，当身心和事业再次受到深深的打击时，她无从选择，只好逃离，开始了孤身旅居巴黎的生活。在这段原本是神话般的爱情里，她爱得无能为力，爱得遍体鳞伤。

在旅居巴黎的这段日子里，她遇到了生命中又一个重要的男人，他同样爱她高贵的灵魂，在写生时，他向她求爱了，但是心里依旧放不下潘赞化的她颤抖着说："我虽然和他隔着千山万水，但我相信总有一天，我还要回他的身边。"

言语之中，潘玉良表现出了坚定且执着的爱，她想为他守候一辈子，哪怕只是在异国他乡。或许，她在巴黎会重新收获一份爱情的，但是这种可能被潘玉良拒绝了，正是这种拒绝，让她和潘赞化的爱显得弥足珍贵。

在国外，她取得了巨大的成功，她写信给潘赞化，表达内心的无限思念之情，也表达想回到他身边的愿望，但他因时局的原因回绝了她。

1960年，潘赞化病逝于安徽，她得知此消息后，悲痛欲绝，那个对她有再造之恩的他离她而去了，而自己却连他最后一面也没有见到，她的心由此开始变得苍老，也时常得病，身体时好时坏，无论是他还是她，永远都回不去了。我们只能感叹，爱，或许就是这么凄美，又这么忧伤。但不管怎么说，她还是幸运的——有人拯救她于水火之中，并给了她理想肥沃的土壤，让她有机会成为一代画魂。

4.2 海伦·凯勒：心尖上升起的太阳

“世界上最美丽的东西，看不见也摸不着，是要靠心灵去感受的。”说出这样温暖如春之语的人便是海伦·凯勒，一个同时充满悲伤与温暖的名字，一位身体柔弱内心却无比坚强的女子。

她的世界一度沉寂且黑暗，可她，却给整个世界带来了波澜与光明。从绝望中寻找希望，到给绝望的人带去希望，海伦·凯勒注定是一位不平凡的女性。

“上帝总在为你关上一扇门的同时向你开启一扇窗。”这句话用在海伦·凯勒身上再合适不过了。她原本是一个健康可爱的孩子，却在出生十九个月的时候得了一场大病，从此成为一个看不见也听不见、丧失语言能力的小女孩。

上帝开的一个玩笑使这个原本幸福的家庭还没来得及好好享受新生儿降临的喜悦就被厚厚的愁云所笼罩。父母无法真正体会这个五官忽然缺失了三官的孩子的内心感受，而海伦·凯勒从此再无法体会正常人的生活。

突如其来的变故让海伦·凯勒困在孤寂绝望的世界里，她像只无助的小狮子一样打人，破坏东西，想通过这些方式来发泄自己的不满和无助，然而，纵使她再怎么左冲右撞，却永远也找不到出口。

所幸的是，上帝并有完全抛弃这个天生有灵性的女孩子，他夺走了她所有的希望，却又为她送来了新的慰藉——安妮·莎莉文。

“我的任务是练习，练习，不断地练习。失败和疲劳常常将我绊倒，但一想到再坚持一会儿就能让我所爱的人看到我的进步，我就有了勇气。”海伦·凯勒在回忆起小时候的生活时这样说。

在她7岁那年，安妮·莎莉文的到来，终于为海伦·凯勒黑暗的世界带来了一束亮光，安妮·莎莉文成了她的家庭老师，曾经差点失明的莎莉文非常理解海伦·凯勒的心情，她耐心地把海伦从那个绝望无助的世界里拉出来，认真教她手语，教她生活礼仪，教她与别人沟通，教她识别草木虫鱼、鲜花和太阳。

浅浅地，海伦·凯勒又被生活接受了，莎莉文老师就像一束阳光，将她心中的阴霾尽数散开。海伦·凯勒开始变得乐观，认真生活，而此时，她和安妮·莎莉文也开始了长达五十年亦师亦友的情谊。

虽然海伦·凯勒的心态在好转，但对一个看不见、听不见、不会说话的孩子来说，想过和正常人一样的生活那简直就是天方夜谭。海伦·凯勒自然知道这是一个“任重而道远”的事情，却没有被困难吓怕而放弃自己。她如饥似渴地去学习，去感受，去体验。

她说：“黑暗将使人更加珍惜光明，寂静将使人更加喜爱声音。”正是因为这种珍惜，这种喜爱，海伦·凯勒迫切地想去知道这个世界的绚烂美丽。在莎莉文老师没有到来之前，她不知道怎么去欣赏世界，不知如何与世界对话，而现在，她找到了办法，便义无反顾地去找寻那个最本真的自己，去追求自己原本已经失去的东西。

或许身心有缺陷的人更能成为强者，成为英雄：瘫痪卧床、双目失明的奥斯特洛夫斯基写出了《钢铁是怎样炼成的》；双耳失聪、穷困潦倒的贝·多芬谱出了《命运交响曲》；而海伦·凯勒则在又瞎又聋的情况下，学会了说话，成为一名出色的演讲家，并获得了哈佛大学拉德克里夫学院的文学学士学位，成为首位毕业于高等院校的聋盲人。

在这期间，海伦凯勒所付出的艰辛、所经历的痛苦是无法用文字表达的，她就像一朵被太阳遗弃的向日葵，一旦找到温暖的光，便再也不愿意转身离开，哪怕身旁是茂密的丛林，她也绝不放弃努力生长，她要把太阳的光亮根植在自己的心里。

海伦·凯勒创造着属于自己的奇迹，她正视着命运的不公，接受了生命的挑战，她用爱和微笑去迎接所有的苦难，在黑暗中寻找生命里的光明，最后，她把充满爱的慈爱之手伸向了全世界。她不止一次地说："只要是真正有益于社会的事情，而又是我能做的，我都将全力以赴。"

她致力于救助伤残儿童，保护妇女权益，争取种族和平等社会活动。为了把希望和爱传递给那些残疾人，她四处奔走，克服困难进行演讲，鼓励感召他们，建立一家又一家的慈善机构，四处募捐为他们创造受教育的机会，把温暖的种子撒进每一个需要帮助的人的心里，正如她所说："上帝使你得到解放，得到鼓舞，使你谦卑、柔顺并得到慰藉。"

在经历了人生诸多坎坷和最终战胜困难后，她写下了《假如给我三天光明》这本影响了一代又一代的人的书。也许，对于海伦·凯勒来讲，写作的过程是痛苦的，她要回忆往昔，揭开自己的伤疤，把那段不堪的回忆，那段充满黑暗痛苦的岁月赤裸裸地展现在世人的面前，这需要足够的勇气。

但海伦·凯勒感受更多的，也许是分享，是帮助，是爱带来的快乐，所以我们才看到了这本"文学史上无与伦比的杰作"。一个身残志坚的女子身体力行地告诉人们应珍惜生活，珍惜身边的一切。

的确，海伦·凯勒是一个让人骄傲而又惭愧的词。她的一生是曲折的、坎坷的、疼痛的，同时她的一生却又是温暖的、充实的、七彩的。所有的成就都源于她常怀希望的心，“不怀希望，不论什么事情都做不出来”。

在生病之前，海伦·凯勒也曾光明过，看到过这个世界的美好，那是值得她珍藏一辈子的回忆。在她患病失明后，她一定清晰地记得那在她脑海中出现过的短暂的美丽世界。她的双眸就像一台相机，在失明的一瞬间按下快门，把五彩的世界永远定格：被蔷薇装扮的阳台，阳光下斑驳的树影和绿得发亮的草坪，妈妈微笑时美丽的脸庞……

这一切也都被她带到笔下，跃然纸上，那样一个一瞬却永恒的世界光影波动，梦幻琉璃。她用心爱着生活，否则，怎能把它想象得如此美丽梦幻？“这是一种爬蔷薇，它到处攀爬，它那长长的绿色枝条倒挂在阳台上，散发着芬芳，没有一点尘世烟火的气息。每当清晨，未干的朝霞还停留在它身上，摸上去是何等柔软，何等高洁，使人陶醉。”

“真正的勇士，敢于直面惨淡的人生，敢于正视淋漓的鲜血。”海伦·凯勒就是这样的一位勇士。面对惨淡黑暗的人生，她没有逃避，没有一蹶不振，没有自暴自弃，反而以一种感恩的心态去积极地生活。她所得到的比正常人少得多，但她依旧感激生活，因为“我只看我拥有的，不看我没有的”，所以她很快乐满足。

“假如给我三天光明”，三天，她要的真的不多。海伦·凯勒把乐观和豁达写在了生命的扉页。“把活着的每一天看作生命的最后一天。”海伦的的确确是这样活着的。她活得那么努力，那么用心。

我们不知道她为了学习一个单词如何费尽周章，我们也不知道她为了体会喜怒哀乐等表情摸过了多少人的脸庞，我们更不知道那首《孀王》带给了她和莎莉文老师多少痛苦和麻烦。可无论遇到多少困难，她都勇敢坦然地去接受，去解决，“宝剑锋从磨砺出，梅花香自苦寒来”，海伦·凯勒用她努力勤勉的一生描绘了一幅暖春雪融图。

海伦的世界是无光、无声、无语的世界。虽然永无可能，但她依旧希望自己能拥有三天的光明，在书中，她这样安排了奇迹般重现光明的三天：

第一天，看人，他们的善良、温厚与友谊使我的生活值得一过。

第二天，在黎明起身，去看黑夜变为白昼的动人奇迹。

第三天，在现实世界里，在从事日常生活的人们中间度过平凡的一天。

1936年10月19日，海伦·凯勒的老师安妮·莎莉文逝世，海伦·凯勒悲痛万分，但她依旧要走下去，用微笑迎接挫折，用双手拥抱世界，用心灵感触生活。

1964年，林登·B.约翰逊总统授予海伦凯勒总统自由奖章，这是美国公民所能获得的最高荣誉。她去世后，《华盛顿邮报》撰文道："她的一生不愧是我们这个时代最伟大的辉煌之一，她的辞世是整个世界的损失。"

美国《时代》周刊把海伦·凯勒评为20世纪美国的十大偶像之一，并评价她的书《假如给我三天光明》是伟大的经历和平凡的故事完美的结合。马克·吐温也曾说过："19世纪有两位让世界为之惊叹的奇人，一位是拿破仑，另一位是海伦·凯勒。"可以说，海伦的一生是从绝望中寻找希望的一生，从黑暗里走向光明的一生，是奉献、成就和苦难的一生，是无比伟大的一生。

"如果我们现在站在生命的终点，生命的火花即将灭亡，我们会怎么想呢，又会怎么做呢？是否也会感叹生命的短暂与脆弱，而后悔没有好好珍惜呢？善用你的眼睛吧，假如明天你将遭到失明的灾难。"

4.3　萧红：望断青天一缕霞

她是西方天际间一朵彩霞，绚丽而凄美，在消逝中带着无尽的遗憾。

“……身先死，不甘，不甘。”这是旷世才女在陨落尽头对世界的一份怀念，然后越走越远，这身影，让无数人想起：“孤独的内心，孤独并无所凭据。”是这样，很多时候看到她在寒夜思索、发问以及追寻。远处，是她含泪的笑。

幼年丧母，生于封建地主家庭，注定了萧红只能拥有苦难的童年，鲜明的人物性格使她在无法忍受包办婚姻的境况下离家出走，然而，对命运的决绝抗争并不能让她如想象中那般自由，窘迫的生活使得她不得不与汪恩甲——这个与她没有爱情的人同居，并且有了身孕，但是最后也只能遭受被遗弃的命运。

遭弃的事端引来了对她来说或许是一生中最重要的男人之一，当她无所依靠之时，只好写信给《国际协报》副刊编辑裴馨园求助，他们也曾多次来看过她，其中就有萧军，两人渐渐互相爱慕，日久生情。

有一个场景，对萧红也许永远无法忘怀。1932年，松花江决堤，洪水肆意泛滥，萧红曾住的旅馆也因欠房东租钱太多而无法离开。趁此时机，在慌乱之中萧军租一条小船接她离开。正如她自己一样，很多人都相信她这次真的遇对了人，他的豪情侠义，他的英雄救美，以及她此时的孱弱无力。

重要的是，他们对于人生，对于生命的理解竟然是如此深深暗合，想必人生最动人之处莫不是，当陌生的我们走在一起，却发现了彼此诸多熟悉和心有灵犀，所以这不是只有被拯救的感动。在萧红眼里，他是个极富思想的青年；在萧军眼里，她是个孱弱却又如此动人的女子。他们相爱了，结婚了，萧红带着身孕嫁给了萧军。

孩子出生之后，弱小的生命总能让她联想到曾经受过的屈辱，或许，这种恨也默默地转移到了这个孩子身上，萧红不给她喂奶，甚至不看她一眼，或许她原本就不想对她有任何养育之恩，于是，她把刚出生的孩子送了人。困窘的生活加深了萧红与萧军的感情，他们在贫寒的生活中更加懂得命运里的惺惺相惜，在萧军的鼓励下，萧红开始创作，两人度过了一段平静且美好的日子。

后来，他们与文坛巨匠鲁迅结识，在鲁迅的帮助与盛赞下，

“二萧”在文坛慢慢开始奠定一定的基础，萧红还以她独到而深刻的文学主题迅速在当时的左翼文坛找到属于自己的位置。

这段日子，算得上是萧红一生中最平稳的时光，然而，正如她自己所说：“我总是一个人走路，我好像命定要一个人走路似的。”短暂的美好时光结束后，他们的感情也出现了无法弥补的裂痕，谁也无法知道，为什么他们之间的争吵忽然多了起来，总有一些无休止的争吵。再到后来，萧军出轨，这对有情感洁癖的萧红来说是无法容忍的，她无法原谅萧军，这件事也在萧红的心里划过一道深深的伤痕。

但归根结底，也许是因为他们在性格以及性情上的相差甚远，萧军的暴躁脾气给萧红的心灵以及身体都留下了难以愈合的伤。为了缓解这种境况，也为了给彼此留最后一点余地，萧红去了日本，萧军回到了青岛。

就算表面已经看透萧军的种种，但内心还是一直牵挂，东渡日本之后，萧红不断给萧军写信，以此可以看出，在她眼里，这是一段多么刻骨铭心的爱情，在她内心深处，不想离去，更不想放弃。直到再度回来，直到萧军再度发作，虽然在患难中一路挣扎过来，但谁都看得出，做萧军的妻子太痛苦了。

此时的萧红并不是孤立无援，这一次，她遇到了一个不同于萧军一般的人，懂得欣赏，懂得尊敬她并大力赞扬她，这是萧军很少给过的，恰好就是这种赞美，对萧红来说有着特殊的意义。即使二萧感情已经破裂，但是，萧红对萧军依然怀有一份希望，在即将离开临汾各奔东西时，萧红仍然有不舍，而萧军却说：“我们还是各自走各自要走的路吧……”萧红听出了弦外之音，她明白，这次分别标志着两人感情的结束。

六年，纵使他们曾经彼此相爱，却依然无法改变分手的结局。萧红成全了萧军，她决心收回一切，将自己交付给端木蕻良，然而这个时候的她已身怀六甲，这就是命运吗？每次重生的场景都并非是干干净净，总有点拖泥带水，人们说，这是她的宿命，正如那句话：“她无法对别人残忍，所以给了别人机会对她残忍。”

萧红和端木的这段感情从一开始就不被祝福，端木的勇气并非是娶了萧红，而是在那个时代那个境况下娶了萧红，对一个女人来说，这算是对她极大的恩宠，他们的婚礼简单而平静。

“……没有争吵、没有打闹、没有不忠、没有讥笑，有的只是互相谅解、爱护、体贴。”萧红这样希冀他们未来的生活，然而未来的生活却并不如她的料想这般安然。若说萧军给不了她体贴与温柔，那么端木给不了的就是担当和勇敢，萧军和端木是性格世界里的两个极端，但缺点却需要同一个女人承担。

端木在战火中甚至两次抛弃萧红，这比萧军“为国捐躯”的理由更让人不可理解和原谅。因此，后人诟病端木者居多，然而婚姻之中，冷暖自知，外人常常无法诉说明白。

即使端木在生活上时时在意她，但不可否定的是，她对这样的生活是不满的，身体上的衰弱并不能阻止她精神上的渴求，作家的心是敏感的，尤其是对于萧红来说，生活上的空白以及长期的麻木不仁渐渐让她觉得孤独，而孤独又是她最害怕的，情感需要依附和寄托。

于是，她生命中的另外一个重要的男人此时走近了她，他是骆宾基，同为东北人，同对写作有着天赋，不同于端木的来去匆匆，骆宾基差不多时时刻刻在萧红的病榻前照顾她，关爱她。缠绵于病榻之上的萧红，有时也会回忆起萧军的仗义、粗犷甚至是他的铁石心肠，或者再次渴望于炮火声中与他相遇而不分开，但是不可能，真的不可能了，这个时候的萧红，只是在幻想得到保护，得到爱，以便让自己不显得那么孤独，她怀念那些与她有过瓜葛的任何一个人，包括曾经深深伤害过她的人。

这段时日中，她的呼吸道恶化导致失语，最后却被误诊。毕竟，倔强如萧红，她对爱情对生命对一切都渴望得很多，她坚持手术，但是伤口发炎，一系列的新伤旧疾在混乱中慢慢耗尽她原本就已不算旺盛的生命力。

1942年1月，萧红已经不能出声，或许是已经意识到生命剩下的并不多，遂才艰难地拿起纸和笔写下一句“我将于蓝天碧水用处，留得那半部‘红楼'给别人写了”。这不是心甘情愿地放弃了，而是真的无力回天。

1月末，坎坷一生的萧红呼出生命中的最后一口气，死于疾病之中，也死于乱世之中。按照她生前的遗愿，她的骨灰分为两部分，一部分埋于圣士提反女校校园的山坡，是想和鲁迅近一点，一部分埋葬于香港浅水湾边。

在她弥留的几十天，是骆宾基陪她走完了人生的最后一程，她倾诉衷肠，关于这一生的回忆，美好的和心酸的，她也曾承诺，如果病情好转，一定嫁给骆宾基，但最终没有。静默中，总听得见她说“我这个人不愿意受屈辱，可我这一生，总在别人的屋檐下……”

有人感慨，她的一生，是在几个男人手中辗转，她的命运也和漂泊关联，爱的背叛和爱的沉浮总是长期腐蚀她的心灵，流离中，曾抱着狂热的幻想，有个人给她现世安稳，给她岁月静好，但真相背后，是一件多么残酷的事，任何人都可以离开他，甚至离开过后就不再转身，而她，却还报以深情款款。

她的记忆苦涩，她的爱恋和经历独特，没有轰轰烈烈，只是化作西边的一朵晚霞。

4.4 玛丽莲·梦露：有限生命里绽放的火花

世界上没有一个女人不想知道玛丽莲·梦露这个金发尤物的性感秘诀。麦当娜、布兰妮、米歇尔·威廉姆斯、斯嘉丽·约翰逊、安吉丽娜·朱丽……数不清的银幕美人都曾对模仿梦露趋之若鹜，然而极少能学得她的神韵。

俏皮卷曲的金发，时而慵懒迷离时而天真无辜的双眼，艳丽红唇以及唇边那颗风情万种的美人痣，这些都是梦露深深印在世人心中的标志。而那个在地铁口，娇羞地捂住被地热吹起的裙摆的性感照片更成为电影史上的经典。

没有看过她电影的人可能认为梦露的性感就在于大胆的裸露，放肆的眼神，以及诸如野性、媚惑这类的词，但恰恰相反，其实她就是性感本身。她的一颦一笑，举手投足之间散发的性感是自然天真、毫无矫饰的。对于女人来说，她是上帝最花心血铸成的美人，令好莱坞无数女演员嫉妒，梦露的自信和快乐仿佛谁都无法夺走，她从骨子里散发出的性感吸引着众人的眼球，而那些女演员的性感更多则是演出来的。

对于男人来说，她纯真美妙得仿佛没有思想，是上帝为他们创造的最完美精致的性幻想对象，她毫无心机却又热情似火，让最怯懦的男人都想快乐地走近她的身旁，她又时常表现得天真无辜，音色像婴儿般纯真，像一只迷途的羔羊需要男人去保护去赞美。然而银幕上的梦露，却被好莱坞的流水线加工成了“胸大无脑”的金发美人。

生活中的梦露却是平静、害羞的，但性感依然，尤其是在镜头之前散发出表演的天才的魅力。天生的镜头感让她毫无保留地，轻而易举就能表达自己的情绪，或喜或嗔，或笑或怒，像个女王，而摄影师和观众们都必将为她臣服。

她知道人们想要的是什么，知道自己该怎么做，知道如何让男人听命于她，尽管这需要她扮演另一个人，甚至扮演一个没有思想的物质女郎，起初这让她的演艺事业顺风顺水，后来这却成了她最大的魔障。她不愿成为没有深度没有演技的纯喜剧演员，但人们已经将她牢牢钉在了金发红唇、美胸翘臀的花瓶的柱子上。梦露为此与福克斯电影公司终止了合作，随后成立了自己的“玛丽莲·梦露制片公司”。

她拥有傲人的身材、姣美的面容、纯真的音色，以及数不清的绯闻男友，无数男人甘为她一掷千金。然而在聚光灯下美得不可方物的性感女神的“轻喜剧女王”在现实中却颠沛沉浮，渴望爱与认同。生活中她更为真实，也更具悲剧色彩。她出生时家里一无所有，连出生费都是募捐集得；她一生荣辱浮沉，死于非命后，所剩遗产只够支付丧葬费。

梦露本名诺玛·简·贝克，母亲原是电影制作厂的胶片剪接工，家族遗传，梦露的外祖母和母亲皆患有间歇性精神病。因而她一生都活在对精神病的担忧中，服用了大量药物，最终也难逃厄运。她的生父是个谜团，一个懦弱的男人在让梦露母亲怀孕之后就立马逃之夭夭。

她的童年是在寄宿家庭和孤儿院中度过的，她一共寄居了十二个家庭，幼年时曾遭中年租客性侵。十六岁的时候，收养她的人要搬到东海岸去。梦露只有两个选择，要么回孤儿院，要么和格雷斯邻居的儿子结婚。对家的渴望和对孤儿院的恐惧让她选择了后者。就这样，詹姆斯·道尔蒂成为她第一任丈夫。

初尝家庭温暖的梦露成了典型的小女人，她既格外注重装扮，出门前总是磨磨蹭蹭折腾一个小时才能美美地出门，又能洗手做羹汤，肉片拌豌豆、胡萝卜是她的拿手好菜，她贤惠温柔又善良天真。

詹姆斯后来说，他并不为梦露死时的贫穷惊奇，因为她十分慷慨，经常支助身边的人，帮他们的孩子支付学费等。当詹姆斯远赴国外服兵役时，梦露成为一个军备厂流水线上的一名女工。也许是梦露的美貌让她注定不甘于平淡，一名小小摄影师的出现就扭转了她的命运，他一眼发现了这个美人和她的潜质，把她推荐给了模特公司。

大大小小的杂志都刊登了她的照片，然而与做模特儿相比，梦露更渴望成为一名演员，不过她知道电影公司是不会愿意捧红一位人妇的。为此，她不惜与詹姆斯协议离婚，而这一决定也将她推入没有经济来源的境地。

如果梦露知道那些照片会成为日后别人用以威胁她的把柄，不知道她还会不会接拍，但当时食不果腹的生存境况让她别无选择，为了仅仅五十美元，她拍摄了一组性感大胆的裸照，用以登在金色梦幻小姐的月历上。在被威胁之后，机智如她，索性将照片卖给了一位出版商，休·海夫纳，这位“花花公子”品牌的创始人将那张梦露裸身躺在红天鹅绒上的经典照片作为了《花花公子》杂志的创刊号封面，第一期销量就达53991本。而更耐人寻味的是，梦露死后，休·海夫纳买下了她一侧的墓地，以期能在幽幽冥界守卫保护这位美人。

梦露从小就在幻想父亲的样子，以致后来找的丈夫都比她年长很多，更像她的父亲。父爱的缺失让梦露有了恋父情结，她渴望能有一位无限包容的，能支撑她信仰的父亲般的男人成为她永远的依靠，而这种畸形的需要无疑只能带来失望和悲苦的结局。

乔·迪马吉奥应该是几任丈夫中最爱梦露的了，然而伴爱而生的，却是无穷的妒忌。婚礼上，梦露看着身上戴着的紫色花朵逐渐凋谢，她不无感伤地问他，如果她先他而去，他能否每周到她的坟前献上一束花。因为她的偶像珍·哈露死后，她的情人威廉·鲍威尔就每周都前去献花。

迪马吉奥小心地疼爱着妻子，唯恐她受半点委屈。他虽是美国棒球史上的传奇人物，但他更是一位从球场退役，渴望安定的丈夫，而她却是一颗正在升起的银幕新星。

妒火让迪马吉奥无法忍受梦露周旋于好莱坞众多男人中间，拍摄《七年之痒》那个经典镜头时，他就在现场，看到自己妻子的裙子反复被吹起，露出三角裤，周围的人起哄喝彩，甚至有人专门钻到通风管里从下窥视，他再也忍受不了了。

终于，他们结束了为期九个月的婚姻。然而他从未真正离开，往后每当梦露遭遇危机，他总是千里迢迢来到她的身边。当她陷入第三次婚姻危机，极度抑郁之时，他又一次出现在她的身边，承诺不再让她受伤，承诺与她复婚。

然而就在约定好的那天，却成了他主持她的葬礼，之前的承诺还在他的耳际回响，转眼她已躺在冰冷的棺木里。

亚瑟·米勒终于还是被激情冲晕，离开发妻与梦露结合，成为她的第三任丈夫，他不仅被这个女人独具特色的性感深深吸引，同时也发现了她从未被人看到的心灵和才智。梦露仰慕于这位剧作家身上浓郁的知识分子的庄重和文化学识。他们以为彼此是最相称的伴侣，然则四年婚姻夺走了米勒的创作才能，梦露成了他所有的不安和恐惧的发泄口，认为他如今的境况全是因为她的霸占和任性。

原本为她量身所写的剧本里，写到后来，浓浓的爱意全变成讽刺和恨意，梦露读到剧本时，半夜在楼梯角哭成了泪人。最终这个“美国最漂亮的女人与最聪明的男人”分道扬镳。

梦露后期精神状况非常不稳定，对药物依赖过度，常常记不住台词，她时常陷入抑郁状态。作为一个拥有令人艳羡的美貌，被众多男人爱护着的女人，却过得并不快乐。

从小对爱的匮乏，使她迫切地渴望从别人身上攫取爱，然而作为一个柔弱女性，她的方式和武器只能是成为另一个人，一个性感热情，风光无限，却没有想法的女人。

人们追捧喝彩，这样的仰慕使她兴奋，却无法满足，毕竟“追随”与“爱”不同。只有当吸引来爱她的和她爱的男人时，她才感到安慰，但人们却慢慢发现，心灵极度的匮乏已经使再多的关爱都无法满足梦露，那些所谓的爱人到头来可能还是觉得自己是被钉在“性感女神”柱子上的，他们觉得，没有想法没有麻烦的梦露才更可爱。但无论世人如何看待这个性感尤物，乔·迪马吉奥始终对梦露疼爱无限。

梦露死后，乔·迪马吉奥再未婚配，他像他们当年在婚礼上承诺的那样，每周在梦露的坟前献上一束玫瑰。在她死前，他们已经商量好了复婚日期，订好了婚纱，而梦露却再也没有机会穿上。

那天，玛丽莲·梦露手里拿着电话筒，一丝不挂地死在床上，她的离去成了一个谜。连带着她的出生之迹，她的神秘恋爱史，梦露从来都让人难以捉摸，死后又让所有人无解。

性感无比的美貌和神秘莫测的命运让这位美人成为永远的未解之谜，让人惋惜也让人唏嘘。

4.5　胡蝶：风雨飘摇的旧梦

都说蝴蝶飞不过沧海，但在繁华的上海滩却有一只蝴蝶飞过了跌宕的时代，飞过了一个女人的一生，最终飞到了彼岸。在她飞过的路上，开出了一树一树的繁花。她是那个时代蹁跹的精灵，她就是胡蝶。

1908年，原名胡瑞华的胡蝶出生在上海提篮桥怡和码头旁边的辅庆里。这一年，光绪皇帝和慈禧老佛爷先后驾崩，易代的号角开始吹响，小胡蝶就是出生在这样一个风云际会、改头换面的时代。

胡蝶的父亲主管铁路事务，所以胡蝶从小便跟着父亲各地走，因为时常到外地，胡蝶便有了快速融入小伙伴的能力，她可以模仿许多地方的口音，还能在观察中得出这个地方的风土人情，从而融入进去。

这恐怕也是日后胡蝶对戏剧表演感兴趣的原因，她喜欢形形色色的人，也喜欢模仿形形色色的人。胡蝶的母亲受的教育并不多，但却是一个温柔大方、通晓事理的大家闺秀，胡蝶曾经在回忆录里提到母亲对自己的影响，她说自己始终记得母亲对自己说过的一句话："你要别人待你好，首先你要待人好。"这句朴实无华的话，伴随了胡蝶一生，也让胡蝶收获了事业和感情上的成功。

母亲交给胡蝶的其实是人生的真谛，也是一个女人一辈子最需要懂得的道理，要想得到，便要付出，若得不到，恐怕因为是自己没有付出的原因。这句话，让胡蝶在漂泊的年代，学会了平衡自己，学会了平淡生活。这是一个母亲能教会女儿的最珍贵的话语。

胡蝶十六岁的时候，全家人返回了上海。这时，中国的第一所电影演员训练学校——中华电影学校也在上海创办。已经及笄的胡蝶毅然决然想去电影学校上学，虽然这个学校因为刚刚创办，只是一个短训班，学时只有半年，但是在教学质量方面，却很有保障。每每想到每周都能在戏院看西方的电影，想到有著名的导演和编剧指导自己，胡蝶就很兴奋，这正是她的兴趣所在啊！

走上电影表演之路，需要一个艺名，胡蝶左思右想，不知道该叫什么，本来想叫"胡琴"，文雅而优美，但是想到胡琴是被人拉来拉去的，没有自由，特别受人牵制，她便不喜欢这个名字了。

那时，正是草长莺飞的季节，她看到了天空下面自由自在飞翔的蝴蝶，计上心头，不如就叫“胡蝶”吧。像蝴蝶一样自由，多好啊！从此，胡蝶开始了自己的表演之路，她在影视表演上的天赋，就像蝴蝶会飞翔一样自然，开始演电影的胡蝶就像鱼找到了能够自由自在游荡的水，蝴蝶找到了属于自己的天空。

作为演员的胡蝶常常受到导演的表扬，因为胡蝶对待演戏非常敬业，在表演方面严谨而认真，受到了当时的电影拓荒者张石川、郑正秋、周剑云的赏识。影坛毕竟是一个是非之地，矛盾自然不少，但是胡蝶总能以柔克刚，化解矛盾和危机，她常常想起母亲告诫自己的话“凡事不要争先，要退后一步，勤勤恳恳地做好自己的本分工作”。胡蝶的本分工作就是演戏，但是随着知名度的提高，外界的舆论还是把她推上了风口浪尖。

1931年9月18日，震惊世界的“九·一八”事变爆发了，日本方面用尽一切办法转移中国人民的怒火，不惜造谣中伤张学良，到处散播九·一八事变当夜张学良跟胡蝶跳舞的新闻，舆论的战火果不其然转移到了胡蝶身上。

1931年11月20日，上海《时事新报》不分青红皂白地刊登了一首当时广西大学校长马武君的嘲讽打油诗“赵四风流朱五狂，翩翩蝴蝶最当行，温柔乡是英雄冢，哪管东师入沈阳。”

当时的民众，受到了这首诗的影响，对胡蝶非常仇恨，一时之间，胡蝶像曾经的陈圆圆一样成了“红颜祸水”的代名词。胡蝶因为这些流言感到非常大的困扰，当时她正在北平拍《自由之花》《啼笑因缘》和《落霞孤鹜》的外景部分，拍摄之时，便有一些市民冲到了片场，加诸了胡蝶许多莫须有的罪名。

最后，胡蝶不得不返回了上海，并在《申报》上发表了声明，为自己辟谣，许多公司的同事也纷纷在报上为胡蝶作证，甚至梅兰芳也出面为胡蝶辟谣。尽管有着诸多的解释，但是还是有人对此事半信半疑，老年的胡蝶对此事还念念不忘，希望能够还自己一个清白，她在回忆录里说道：“该结束这段莫须有的公案了吧？”

胡蝶，始终是一个坚贞爱国的女性，在抗日战争期间，胡蝶不同于只关自身，不管身后事的庸众，她爱国，也用实际行动来抵抗日本。虽然只是一介女流之辈，但是胡蝶和梅兰芳一样，不愿接受日本的邀请，拒绝出演了日方策划的电影《胡蝶游东京》，尽管日本方面用重金诱惑胡蝶，但她始终坚守自己的原则，不为所动。

如果说蝴蝶也有分类的话，那么胡蝶一定是蝴蝶之中的佼佼者，她所青睐的花，不是开在肮脏泥土里的花，也不是在春天开得没有特色的花，她所爱的，是开在悬崖之上纯洁的百合，是开在风雨里的兰花。

对待爱情，胡蝶也有自己的坚守，1935年11月23日，胡蝶和潘有声结为夫妻，两个人的爱情之路虽然经历了一些坎坷，但相伴的时光却是甜蜜而幸福的。1937年抗日战争全面爆发，11月上海沦陷，胡蝶跟随潘有声到香港避难。1941年底，香港沦陷，避无可避的胡蝶带着两个年幼的孩子，艰难地回到了重庆。

终于不用面对战争威胁的胡蝶刚要松一口气，却没想到即将面对更大的危难，国民党统战局局长戴笠强迫胡蝶做他的情妇，此时的胡蝶没了曾经的自由，被迫虚与委蛇跟戴笠同居，每一天，胡蝶都是不开心的。诡计多端的戴笠，为了控制胡蝶，特地送给了胡蝶的丈夫潘有声一张通行证，让他行踪不定。没法联系到潘有声的胡蝶，只好留在了戴笠身边。

戴笠像是一个挥霍无度的君主，为了讨得胡蝶的欢心，不惜一切。为了让胡蝶少走路，他修马路修到了胡蝶的房间门口，为了讨好胡蝶，戴笠命令建一所华丽的公馆，不惜耗费金钱。

工人们苦不堪言，为了赶工，他们日夜劳作，得不到休息，有十几名工人受了伤，甚至还有人因为精神不集中，被石块砸死，但戴笠却全不在乎，他在乎的只有胡蝶。

历史何其相似，就像荒淫无度的商纣王为了看褒姒的笑，不惜烽火戏诸侯，就像唐玄宗为了杨贵妃，“一骑红尘妃子笑，无人知是荔枝来”。在那个人人拿枪、保家卫国的年代，在那个军人们抛头颅洒热血，只为一寸河山的年代，戴笠全然忘了自己的职责，他想的只有胡蝶。

胡蝶明白戴笠的占有欲，她始终没有屈服，始终保留着自己的心。当潘有声得知胡蝶被迫跟戴笠在一起的时候，他直奔戴笠所在的中二路罗家湾十九号军统局本部，想到胡蝶所遭受的痛苦，想到戴笠的恶行，潘有声被愤怒的火焰灼伤着。

几天过去了，潘有声还是没有办法见到戴笠和胡蝶，又过了几天，戴笠的秘书王汉光得到戴笠的授意去找潘有声说：“你要把胡蝶女士带回去，这点万万做不到，你还是拿些钱，做个官算了，聪明人不吃眼前亏。”无法跟戴笠对抗的潘有声，只好自己回到了上海。

此时的胡蝶完全不知道自己的丈夫在寻找自己，胡蝶思念着潘有声，惦记着潘有声，但是她被戴笠控制着，没了自由。

就像胡蝶一开始为自己起的那个名字“胡琴”一样，尽管她在名字上竭力摆脱受人摆布的命运，但还是难以逃脱宿命。她的不自由让她痛苦，让这只曾经飞翔于蓝天之中的胡蝶失去了原有的光彩。

1945年，持续了八年的抗日战争终于结束，戴笠强迫胡蝶同潘有声办理离婚手续。胡蝶一边流泪一边对潘有声说：“他只能霸占我的身体，却霸占不了我的心。”胡蝶本以为将要跟潘有声永别了，却没想到，自由跟战争的胜利一样降临到了自己头上。

1946年3月17日，戴笠在空难中丧生，胡蝶跟随潘有声再次回到香港，安度了生命所馈赠给他们的幸福时光。

1989年4月23日，胡蝶因中风所引发的心脏病病逝于温哥华，临终前她留下的最后一句话是:“胡蝶（蝴蝶）要飞走了！”

多么诗意的一句遗言，就像胡蝶的一生，所有的痛苦悲伤，所有的纠葛恩怨都随着时间淡去，胡蝶不是阮玲玉，面对流言，她在乎，但她更在乎爱她的人，胡蝶不是周璇，她渴望幸福，愿意为幸福停留。

胡蝶的一生，虽然跌宕，虽然磨难，却充满了诗意，就像她的名字。走过漫长的人生，飞过高高低低的山，在那些深刻或是路过的人面前停留，留下绚烂的舞姿，然后飞走。

胡蝶飞走了，留下了绝美的天空。

4.6 埃莉诺：婚姻是不是一场交易

婚姻就像一座桥梁，沟通了两个全然孤寂的世界；婚姻就像一架天平，两头一样重才能平衡。婚姻世界里的长久与安宁需要用心去维持，就像桥梁坏了也需要修补一样。

婚姻中，难免会有摩擦和裂痕，但是用心去补缝，总会有愈合的一天。婚姻不是儿戏，不可轻易言散，婚姻不是交易，不能随便替代。寻常人家的婚姻简单而平凡，而夹杂在政治和利益中的世界名人的婚姻又是怎样?

安娜·埃莉诺·罗斯福，美国第32任总统富兰克林·罗斯福的妻子，曾经如同太阳一样照耀着全美的第一夫人。作为一个政治、社交和独立意识都极其出色的女子，她的魅力是任何一位第一夫人都无法比拟的。

她不仅仅改变了白宫女主人的传统形象，而且是丈夫事业的好帮手和政治伙伴，这种现象前所未有，这也使得她直到现在都是“第一夫人”们的效仿对象。同时，她还是美国“第一夫人”

之最，一共做了十二年，这不仅仅归功于她的丈夫，也是她协助丈夫事业的成绩表现。

埃莉诺自幼丧父丧母，跟着祖母一起长大，生活使她成为一个内向而又坚强的女孩子，她学习过马术、芭蕾、歌唱、音乐和文学。然而由于她的身材过于高大，让男孩子敬而远之，也常常因长相不好而且自卑，这与后来在政治讲坛上意气风发、自信高贵的她完全是两个世界的人。

虽然家人有意培养她拥有开放的性格，但是这种相貌平平、无人问津的状态一直持续到她成年。直到遇到了风流倜傥、身材高大的富兰克林·罗斯福先生，两人在相同的生活态度和社会政治兴趣的吸引下走向了婚姻的殿堂。

在这漫长的四十年的婚姻生活里，她经历了感情的起伏波折，从恩爱信任到冷漠背叛，从甜蜜幸福到痛苦难堪，从责怪憎恨到原谅合作。这些都使她从一个大女孩成长为了一个大女人，一个拥有独立思想、独立事业的女强人，她用自己的智慧和努力撑起一片属于自己辉煌的天地，影响着他人，影响着世界。

埃莉诺的人生是不平凡，她用一生时光去追求独立和美好的理想，与政治结下了不解之缘，成为20世纪全美乃至全世界最杰出的女性之一。之所以走上政治道路，这与她的婚姻状况有着密切的关系。与富兰克林·罗斯福联姻，表明了她这辈子都摆脱不了政治。

作为政治家的妻子，在长久的夫妻生活里，她慢慢地参与到了丈夫的政治生活中，慢慢地走近政治，1918年的露西事件则是促使埃莉诺完全走上从政治之路的契机。

那一年，对于埃莉诺来说，不仅仅是感情的断裂点也是人生的转折点。露西·佩琪·默瑟是富兰克林的秘书，年轻漂亮，从1914年起，她就走进富兰克林的工作生活中，与他交往密切。

露西和富兰克林偷情的事迹败露于富兰克林在欧洲旅行患了肺炎时期，病中的富兰克林回到美国休养，埃莉诺在这期间一边照看丈夫，一边管理着他的信件。

一封露西与富兰克林特殊的通信内容给了埃莉诺当头一击，她清楚地认识到这是婚姻危机问题。露西和富兰克林是那样得亲密，即便埃莉诺几次想从中断隔他们的联系，丈夫总是能找到机会和露西约会，不惜动用手中的权力，甚至在埃莉诺与情人之间，他也毫不犹豫地选择露西。

就连身边的人都认为这是令人感动的“地下爱情”，甚至连助手都赞美这是“英雄与美人的伟大爱情”。

这深深地打击了埃莉诺，这是无言的宣战，是对一个女人自尊的挑衅，这个时期的女人最脆弱、最敏感，埃莉诺经历了所有痛苦的感受，这次危机差点毁掉了她的婚姻生活。让她感到自己无限得失败，她甚至在得到两人见面的消息后就不假思索地追过去“监视”，这让富兰克林更加愤怒，甚至主动提出离婚。

曾经因为性格而相爱，现在也因此而无奈。强势的性格使他们在生活中越走越远，富兰克林自信，善于社交，而埃莉诺正直，讲原则。他们从未想过为对方改变自己，婚姻的裂痕就此出现。埃莉诺是个急躁的人，对此，富兰克林曾下结论说：“她永远不会成为一个好的政治家。”

她事必躬亲，行为独特，性格耿直，会为了守时而不跟丈夫打招呼就抵达监狱。她不善于管理财政，也许根本就不会跟钱打交道。

每一个一直以家庭和丈夫为重心的女人面对这种事情都是无助的，这样一个简单直爽的女人在接收到丈夫感情背叛的消息后，经过思量选择了隐忍是该拥有多广大的胸怀！

直到多年后她才对友人倾诉：“当时我觉得整个世界都要崩溃了。”第三者的插足让埃莉诺疯狂过一段时间，但是她很快就冷静了下来，露西事件的出现致使她开始重新思考自己的人生，自己的未来，以及回顾过去。她重新反省自己，寻找问题的所在。

露西的事件让她对自己的未来一度感到迷茫，就像她后来说的一样：“此时此刻，我的这个世界翻了个底朝天，我平生第一次真正地面对自己，面对我周围的一切，面对我的世界。”当时倔强的埃莉诺也曾想到过申请离婚，可是为了社会地位，为了孩子和未来，她作出了抉择：继续维持婚姻关系，但是是作为合作伙伴，而不是丈夫和妻子。

这是一种解脱，意味着她再也不用一味地迎合丈夫，可以将自己宝贵的时间精力投入自己的兴趣中去。这是一个女人的重生，当她在感情的中失败时，应该在事业中找回自信和希望，埃莉诺做到了。

她在工作上付出了极大的心血，为种族平等和世界和平、妇女权益做斗争，为了妇女问题到处奔走。她在民众喜爱程度上也开始超过富兰克林，成为美国史上最受欢迎也最受批评的女子。

其实她刚走出婚姻的阴霾走进政治的曙光中时是艰难而陌生的，即便她曾经跟随丈夫参与过政治，但是让她一下子摆脱丈夫的约束去建立自己的人生道路是坎坷的。可是她并没有放弃，而是循序渐进地逐步拥有和完善自己的政治事业。

她与丈夫成了真正团结互助的政治伙伴，两人会因不同的意见而争论，有时埃莉诺会因为自己的行动和言论给丈夫带来困扰，这时富兰克林不得不为自己重新寻找出路。埃莉诺在政治工作中学会了速记、写作，即便是与人谈话，她也会想从中学到点什么。她是那么地努力认真，让所有的人敬佩。

或许真的像人们看到的那样，她完全将自己交给了政治，让婚姻成为一架给民众观看的躯壳。其实，有更多的人说她最多的还是献身于家庭，因为每当孩子们有什么事情的时候，她总是在他们身边。儿子在吉尼亚出车祸时，她一直悉心照顾；儿子詹姆斯在明尼亚波利斯做大手术时，她彻夜守候；女儿安妮在西雅图生孩子的时候，她一直陪伴；就连儿子埃利奥特在加利福尼亚纠结婚姻问题时，她也在侧安抚。

露西事件过去几年后，富兰克林得了小儿麻痹症，埃莉诺不计前嫌，悉心照料，鼓励丈夫与病魔做斗争，并支持协助他继续工作。这不仅仅是为了当初的协议，这也是爱的延续，就像她说过的一样：“婚姻不是一场交易。”

婚姻不是交易，即便给予了女人绝对的自由，但是她还是希望身边有着安慰的依靠。她用一颗博大的心去包容了丈夫的错误，又用实际行动去表达她对婚姻的独特看法。

她开始在白宫中变得自信、优秀，能言善辩，连政治家富兰克林都甘拜下风。即便曾经在感情上受到过伤害，但是她依然没有防备心理，从不带武器，刻意减少警卫，她努力用最亲切、最简单的形象去接见民众，打造自己独特的“第一夫人”形象。

“二战”期间，她不仅为自己的事奔波，而且还为丈夫连任三任总统的事策划出力，并鼓励病中的丈夫战胜对手，并在那样艰难的时期努力去支持丈夫的事业活动。

也许婚姻给予她的伤害渐渐被时光抚平，即便露西一直围绕在她的生活周围，但是她依然没有放弃与富兰克林的婚姻。她在富兰克林过世后又继续着自己辉煌的人生，即便身患绝症也从未放弃过，也许就是这种执着的信念让她对婚姻也充满了希望和宽容。她曾说："富兰克林早年的感情背弃虽然伤透了我的心，但是我却从未后悔嫁给他。"

艾德莱·史蒂文森说她："她面对黑暗总是点起明灯，而不是加以诅咒，她的热情温暖了全世界。"

4.7 张幼仪：从小脚到西服有多远

张爱玲说："也许每一个男子全都有过这样的两个女人，至少两个，娶了红玫瑰，久而久之，红的变了墙上的一抹蚊子血，白的还是'床前明月光'；娶了白玫瑰，白的便是衣服上的一粒饭粘子，红的却是心口上的一颗朱砂痣。"

诗人徐志摩一生之中与三个女人有过情感瓜葛，最让人津津乐道的是两位风华绝代的才女——林徽因、陆小曼。而他与原配妻子张幼仪的婚姻则被看作小脚与西装的组合，是极不协调的。

张幼仪在很长一段时间里被两位传奇女子的光辉所埋没，直到张幼仪的侄孙女张邦梅在1996年出版了《小脚与西服》，人们才开始关注这位徐志摩的原配夫人。从一个什么都怕的传统妇女变成了叱咤商界的女强人，张幼仪的华丽转身经历了多少辛酸恐怕只有她自己知道，她用自己的经历告诉后人，只有自己先站起来，这个世界才属于你。

提到张幼仪不得不说说徐志摩生命中的另外两个女人——林

徽因和陆小曼。

美丽温婉的林徽因一生之中被三位卓绝的男子——徐志摩、梁思成、金岳霖——倾心爱恋着，可见其魅力非凡。诗人徐志摩为了与之携手，不顾众人的反对与结发妻子离婚，闹得众叛亲离。当时的徐志摩为表决心，发表了著名的离婚宣言："我将于茫茫人海中访我唯一灵魂之伴侣，得之，我幸；不得，我命。"

这句爱情宣言成了多少人追求自由爱情与婚姻的座右铭。然而，诗人所追求的自由爱情势必伤害一个无辜善良的女人，更何况是一个怀着身孕的女人，这也是徐志摩最为后人所诟病的地方。

也许是害怕伤害张幼仪，也许是林徽因认识到浪漫的诗人只适合谈恋爱并不适合共度余生，林徽因最终选择与徐志摩"分定方向，两人各认取生活的模样"。于是，林徽因便成了徐志摩心中永远的"床前明月光"。林徽因是聪明的，就像西方一位哲人说的一样，世上有两大不幸：第一，得不到你想要的东西；第二，得到你想要的东西。得到之时便是期望完成之时，是喜是悲并未可知，徐志摩和陆小曼的爱情故事就可以充分体现这一点。

徐志摩和陆小曼相识于风月场所，徐志摩因失去林徽因而空虚着，陆小曼因沉闷的婚姻生活而寂寞着，同是天涯沦落人的两人一拍即合，冲破各种阻力走到一起。情到浓时，诗人诗兴大发，写下一首《雪花的快乐》："假如我是一朵雪花，翩翩地在半空里潇洒，我一定认清我的方向。飞扬，飞扬，飞扬，这地面上有我的方向……”

诗人因美好的爱情而变得轻灵快乐，那时那人真如翩翩飞舞的雪花那般快乐吧。徐志摩娶了红玫瑰般的陆小曼却把她变成了墙上的一抹“蚊子血”，婚后的徐陆两人并不幸福，陆小曼只懂得风花雪月，哪里懂得持家过日子的道理，长期的挥霍无度让徐志摩焦头烂额，不知道徐志摩那个时候有没有想起张幼仪的好来，才子佳人的爱情最终也敌不过现实生活的洗礼。这场两人奋不顾身的爱情以徐志摩坠机身亡、陆小曼洗尽铅华用余生来怀恋的悲剧结尾，留下唏嘘声一片。

这两位女子是诗人生命中的白玫瑰和红玫瑰，无论是入梦而来缱绻思恋的“床前明月光”林徽因，还是让诗人快乐又让诗人痛苦的那一颗“朱砂痣”陆小曼都幸运地得到了诗人真挚的爱情。

然而，张幼仪却没有那么幸运，从结婚开始，她就受到了诗人的嫌弃，更在怀孕期间遭到了诗人的抛弃，张幼仪是诗人生命中的“饭粘子”和“蚊子血”，是禁锢诗人自由的婚姻枷锁，是诗人必须要抛却的。因而诗人徐志摩对张幼仪是残酷的，决绝地要求离婚，冷漠地对待她和她的孩子，任其在波士顿自生自灭。怀有身孕、人生地不熟的张幼仪只得到德国投奔哥哥并生下了她和徐志摩的第二个儿子彼得。

张幼仪把自己的人生一分为二——“去德国前”和“去德国后”。

去德国前，什么都怕，怕离婚，怕做错事，怕得不到丈夫的爱，委曲求全，却总是受到伤害，去德国后，人生的重创接踵而来，和丈夫离婚，心爱的儿子在异乡夭折。在很多害怕失去的东西失去以后，张幼仪反而变得强大起来，她开始明白只有自己先站起来，才会拥有属于自己的不会失去的世界。

彼时的张幼仪开始了自己的蜕变，她学习德语，进入德国学校攻读幼儿教育。回国后在东吴大学教德语，后来在张嘉璈的支持下出任上海女子商业银行副总裁，此后，又出任云裳服装公司的总经理。

离开了徐志摩的张幼仪过得越来越好，让人对这个女子的坚韧心生敬意，这其中也包括张幼仪的前夫徐志摩，徐志摩在给友人的一封信中说：“C（指张幼仪）是个有志气有胆量的女子，她现在真的什么都不怕。”

而事实上，张幼仪最让人称道的是她的贤良淑德，她在离婚后依然尽心照顾徐志摩的父母，把儿子阿欢教育得很好，甚至连徐志摩的葬礼都由她一手操办，她得到了所有人的爱却唯独得不到丈夫的爱。晚年的张幼仪想要与邻居中医苏纪之结婚，她也写信给自己的儿子征求意见，在她眼里中国女人就是如此没有自由：在家听父亲的话，出嫁以后听丈夫的话，老了也应该听儿子的话。

她是一个遵守三从四德的人，甚至在与徐志摩离婚后被哥哥告诫五年内不能单独与男子同进同出，以免外界认为徐志摩与她离婚是因为她有违妇德，张幼仪也做到了这一点，在很长的一段时间内孑然一身，还常常幻想与徐志摩复合。在许多现代女性的眼里，张幼仪终究是只知付出没有自我的旧式女子，对于她有一种哀其不幸、怒其不争的情感。

客观地说，张幼仪确实有她保守的一面，但她绝不是一味顺从没有自我的女子，这一点可以从《小脚与西服》里的一段旧事里看出来。《小脚与西服》用“小脚与西服”来形容两人婚姻生活的不协调，令人惊讶的是小脚与西服的不协调却是从张幼仪的口中说出来的。

《小脚与西服》记录了这样一段往事，一天，徐志摩告知张幼仪自己当晚要带一位女伴回家吃饭，当时的张幼仪已经感觉到徐志摩另有喜欢的女子，误以为那天的女子就是徐志摩喜欢的女朋友，因而对这位女伴甚为留意。

在张幼仪的眼中，那位女伴是这样子的：她非常努力地想表现得洋里洋气，头发剪得短短的，擦着暗红色的口红，穿着一套毛料海军裙装，却穿着一双不搭调的绣花鞋，原来这位女伴是裹了小脚的。张幼仪困惑了，在她心里，这位女伴裹了脚比她还落伍，所不同的是，这位女伴接受了良好的教育。假如徐志摩愿意接受这样的女子，为什么不支持自己读书学英文，为什么不帮助自己变得新潮起来?

张幼仪的内心是渴望改变的，是渴望与徐志摩平等对话的，可惜的是，徐志摩并没有给她这样的机会。女伴走后，徐志摩问张幼仪对女伴的看法，张幼仪随口说道："她看起来很不错，不过小脚和西服看起来不搭。"张幼仪没有想到自己随口的一句话正好说中了她和徐志摩的悲剧婚姻模式，徐志摩压抑已久的不平被激发，他向张幼仪吼道："对嘛，所以我才想离婚。"

西蒙娜·德·波伏瓦在《第二性》中提到母亲和妻子的角色是男性塑造出来的角色用以禁锢女性自由的，离婚前的张幼仪是乐于这种禁锢的，甚至于害怕失去这种禁锢而委曲求全，直到遭到重创后才开始思考自我的价值并且成功地实现了自己的价值。张幼仪的逆袭对许多现代女性也是有借鉴意义的，她的经历告诉每一位女性：任何时候都不要没有自我。

她的人生也在鼓励着每一位女性：不管处在怎样的绝境下，我们都可以靠自己的力量站起来，我们绝对有属于自己的世界，经历过风雨的女子不是红玫瑰也不是白玫瑰，而是一朵朵铿锵的风雨玫瑰，有自己卓然的姿态。

记忆中的林徽因是这样的：像出水芙蓉一样清丽可人，轻盈浅笑便可勾人魂魄；记忆中的陆小曼是这样的：拿着一把折扇妩媚地笑着，不管世间是哪般，眼波流转间便可轻易俘获你的灵魂；记忆中的张幼仪戴着与她并不相称的洋帽，沉稳淡定，眼神坚毅，平淡无奇却又让你生出无限敬意。

记忆中的徐志摩爱着林徽因也爱着陆小曼，同时也愧疚于张幼仪。有人说，爱情里没有对与错，我们没有权力苛责追求灵魂爱情的诗人，我们只是叹息张幼仪没有在最好的年华遇到对的人。

有人曾经问张幼仪有没有爱过徐志摩，张幼仪淡淡地说："你晓得，我没办法回答这个问题。我对这个问题很迷惑，因为每个人总告诉我，我为徐志摩做了这么多事，我一定是爱他的。可是，我没办法说什么叫爱，我这辈子从没跟什么人说过'我爱你'。如果照顾徐志摩和他家人叫作爱的话，那我大概是爱他的吧。在他一生当中遇到的几个女人里面，说不定我最爱他。"

写了无数情诗的徐志摩要是听到这句话恐怕也会自愧不如吧，张幼仪所认为的爱不是说了多少句我爱你，不是做了多少浪漫的事情，而是用我的行为告诉你"我爱你"，她的情感早已渗透在她的行为里，这本身就是多美的爱情诗歌呀。

张幼仪与徐志摩之间隔着小脚与西服的距离，张幼仪最终也没有缩小这段距离，从而靠近徐志摩，但在这过程中她找到了自我并完成了人生的逆袭，这何尝不是一件幸事?

Part 5

我执我心

——那些偷偷溜走的时光，催老了容颜，却丰盈了灵魂

5.1　赵四小姐：一枕红尘到天涯

爱情的发生，有时像一场迷梦。梦里，时势英雄、美人缱绻；梦醒，只是两个花甲的老人踉跄相扶，一茶一饭，说起过往淡然一笑，将时代风云、情感纷纭都化作给对方的一个安详眼神。恰如张学良与赵四小姐。赵一荻，家中幺妹，排行第四，人称赵四小姐。若是战争中总是盛开玫瑰，那赵四小姐就是20世纪中国战火缭绕的时代里的一朵美艳带刺的玫瑰。

赵四小姐生在一个颇有名望的官宦之家，父亲赵庆华曾官至交通次长，为人刚正不阿，为官清廉并且治家有道。赵四小姐出生于香港，成长在天津，天津卫独特的租界文化深深浸润着幼小的赵四小姐。一袭洋装，浅淡粉脂，斜戴一顶洋纱帽，年仅14岁的赵四小姐征服了眼光极高的贵族，成为天津大小会馆璀璨耀眼的淑媛。天生丽质、聪颖睿智的她，15岁就登上了《北洋画报》成为封面女郎。

纯洁清新的妙龄女郎必须与唯美的爱情相配，曼妙的佳人总是不能一个人缔造罗曼蒂克的爱情神话，素有“美男子”之称的少将张学良恰好没有早一步没有晚一步地出现在赵四小姐的世界。这不慌不忙的出现，彻底扰乱了少女内心深处的一池清潭。

天津一次舞会上，张学良闲居在家，就去凑热闹，刚好赵四小姐也盛装与会。锦衣华服，熙熙攘攘的舞会上，在美女如云、佳丽争辉的舞池中，张学良一眼就看中了散发少女魅力的赵一荻。赵四小姐的目光也穿越人海，看向张少将。如此一来，佳偶天成，双双陷入了爱河。这场爱情的发生没有计划没有安排，只是因为在人群中多看了对方一眼。

当时，张学良已经是有妇之夫，父亲张作霖已经安排他与大他四岁的于凤至成婚，于凤至是张学良明媒正娶的妻子。当赵四小姐那格外看重家族风气的父亲得知这一消息时，非常生气。作为当时在天津有很高名望的大官，赵父认为小女儿爱上有妇之夫的张学良有辱门风，但是对于小女儿这种一往而深的痴情，他却无能为力。

张学良原本与赵家两兄弟为旧相识，这样一来二去，也就成了赵家的常客，赵四小姐的父母原本也就对这位威武而绅士的少将有着很好的印象。当张学良与赵四小姐相识相爱后，两人经常相约喝茶，相约打高尔夫球，在夏暑之时，张学良会邀请赵四小姐及其兄长去北戴河纳凉消暑，等到最热的时节过后，再将赵四小姐送回府上。在这些美好时光里，两人渐渐熟悉彼此，更是相爱。

之后张学良就回到了沈阳，但他一直对赵四小姐念念不忘，思念化成一个又一个诉不完的长途电话。其后的某一段时间，张学良患病，愈发想念赵四小姐，打长途电话给她问她能不能来奉天旅游。赵四小姐得到了父母的同意，就坐上了北上的列车，大胆地离开家去寻找他的爱人，在上路前，赵家举家相送，可见对爱女的不舍之情是多么浓重。

因为张、赵两府素有往来，无论是父辈还是子辈，赵四小姐的父亲断然不能容忍将女儿许配给已有家室的张学良，几度权衡之下，赵父做了一个保全府邸的重大决定。在赵四小姐北上奉天之后，赵父就公开发文，除了介绍家室门风之外，更是断绝了与赵四小姐赵一荻的父女关系。

原文如下："四女绮霞（即赵四小姐），近日为自由平等所惑，竟自私奔，不知去向。查照家祠规条第十九条及第二十二条，应行削除其名，本堂为祠任之一，自应依遵家法，呈报祠长执行。嗣后，因此发生任何情事，概不负责，此启。"

随后赵庆华以自惭形秽，无颜承领官职为由，罢官退隐，离开了仕途。如此便使赵家脱离了与张府的政治纷争，澄清了家族门规也成全与纵容了赵四小姐极大胆的行为。可怜天下父母心，赵父这样聪慧的决定，真是一举多得。

赵四小姐来到沈阳，并未得到张学良原配夫人于凤至的接纳，没有给予赵四小姐夫人的名分，只是让她作为张学良的秘书陪伴左右。与赵四小姐对张学良的一片深情比起来，名分似乎显得微不足道，赵四小姐也并无其他要求，甘于处于“秘书”的地位陪伴张学良左右。

平日里她谨小慎微，对张学良关怀备至，对大她15岁的大夫人于凤至也是尊重有加。长此以往，赵四小姐的爱与真诚深深地打动了原配夫人于凤至，于是于凤至和她开始姐妹相称，赵四小姐叫于凤至大姐，于凤至称赵四为小妹。这其中变化，真可谓“精诚所至，金石为开”了。

于是，于凤至建议在少帅府旁边修起一幢别墅供赵四小姐居住，两人和睦相处。1927年，张闾琳出生了，他是赵四小姐与张学良爱情的结晶，也是少帅张学良唯一的儿子。

自古英雄遇红颜，要么红颜知己，要么红颜祸水。

九・一八事变发生后，由于当局的不抵抗政策，少帅张学良也是左右为难。当时民间充满了对张学良的不满之声，随之大家也都纷纷把矛头指向赵四小姐，认为她是“红颜祸水”，“赵四风流”之声名也越来越盛。

甚至有人写打油诗讽刺张学良：“赵四风流朱五狂，翩翩胡蝶正当行；温柔乡是英雄冢，哪管东师入沈阳”。其时，正逢当红影星蝴蝶来京拍摄张恨水的《啼笑因缘》，顺便拜访张学良，两人并无情感瓜葛。九·一八事变当天，张学良正在协和医院养伤，于凤至携赵四小姐正在观看梅兰芳的戏剧。消息传来，张学良将军病中惊坐起，当即召开了幕僚会议，并致电南京当局，但收到的指示是“坚决不准抵抗”。

之后，震惊中外的“西安事变”终于爆发了。张学良在护送蒋介石夫妇回南京时，对赵四母子万分牵挂，放心不下。他想让赵四小姐带着孩子赴香港得以保全，以防不测，可此时，赵四小姐坚决不答应离开张学良独自赴港。而人在美国就医大夫人于凤至闻讯赶来，她回到张学良身边后，赵四小姐才带着孩子张闾琳依依不舍地赴港。

赵四小姐到达香港后，时时刻刻地牵挂着已经被蒋介石软禁的张学良。1940年，于凤至旧患新疾，需去美国养病，而这时赵四小姐毅然决然地将孩子托付给极其信赖的美国朋友，自己去陪伴禁中的张学良。

在一个女人美好的年华，以秘书的身份，尽夫人的责任，无微不至、寸步不离地陪伴张学良度过漫长枯燥的幽禁岁月，赵四小姐隐忍，默默付出，尽自己的最大努力来给张学良以安慰。

“狱中”的赵四小姐，已经褪去了往日的光华，穿着朴素的布衣、布鞋，过着原本不属于她的牢狱生活。即使她获得去美探望亲人的机会，也绝不贪乐，从不逗留多日，总是立即归来，陪伴尚被禁足的爱人。就这样，赵四小姐一直陪伴张学良到了台湾。

1946年，张学良决定归附基督教，想要接受牧师洗礼，可是由于于凤至与赵四小姐的关系，他不能接受洗礼。在此时，他要作出一个艰难的决定，一个是结发之妻，一个是深爱他、陪她度过牢狱之苦的赵四小姐，他真的非常难以抉择。

就在此时，张学良的原配于凤至从美国致电，愿意主动解除与张学良的婚姻关系。这纸从美国漂洋过海而来的婚姻解除协议除了出于她对张学良的爱之外，也出于对赵四小姐的敬佩。

于凤至说："我是个通情达理的人，汉卿的苦处我不是不知道，我自己也曾经想过这件事。赵四小姐是位难得的女子，二十五年来一直陪着汉卿同生死、共患难，一般人是做不到的，所以我对她也十分敬佩。现在由她陪着汉卿，汉卿高兴，我也放心。至于我个人的委屈，同他们所受的无边苦楚和寂寞比起来，又算得了什么。"

这个聪慧善良的女人的成全，使得照顾、陪伴少将几十年的赵四小姐终于可以披上婚纱，在教堂完成了婚礼。纵是白发新娘又如何，她的大半生时光，无名无分地给予了张学良太多的爱与关怀，早已成为人们心中张大将军最体己的女人。

五十多岁的赵四小姐，身体欠佳，但是仍旧读书作文，曾出版过几本文集，但书中对她与张学良将军的过往只字不提，她选择将这份珍贵的回忆珍藏于心。

“妻何聪明夫何贵，人何寥落鬼何多？”几十年后，两位共同经历风雨的老人百年之后，按照基督教教义，两人被合葬在一起。

5.2 杜拉斯：爱是生生不息的欲望

她说：“当我越写，我就越不存在。我不能走出来，我迷失在文里。”

她说：“如果我不是一个作家，会是个妓女。”

在中国，流传着许多关于《广岛之恋》的神秘传言。莫文蔚慵懒、充满魅力的演绎，使这首原本就故事感十足的情歌变得更加生动，更加活灵活现。而鲜有人知，这首风靡全国的情歌出自于一篇小说，它的作者是玛格丽特·杜拉斯。

如果非要像介绍其他作家那样，给玛格丽特·杜拉斯贴上一个标签，那么我们可以说玛格丽特·杜拉斯是法国著名作家、剧作家、电影编导。可是，纵观玛格丽特·杜拉斯一生的经历，你会发现这是一个不能轻易给她贴标签的女人，她是一个特立独行不可模仿的法国女人，她漂亮、富有魅力而且用自己定义的方式生活了一辈子。她在写作与戏剧上取得了巨大成功，但文字之外，她的个人生活更像一部传奇，吸引着越来越多向往爱与美的人的眼球。

1914年4月4日，玛格丽特·杜拉斯出生在印度支那嘉定市一个教师家庭。她的父亲和母亲均是教师，家中总共三个孩子，杜拉斯是唯一的女儿，与亲人过着安稳幸福的生活。一直到了18岁，玛格丽特·杜拉斯才首次返回自己的祖国——法国。在法国，她攻读法律、数学和政治，并立志要成为一名作家。然而在亚洲生活的十八年经历，给杜拉斯的人生留下了极为深刻的影响。

很难想象，若是将爱情从杜拉斯的生命中抽离出来，她会是怎样的一种生存状态，抑或可以说，她还会选择活着吗？她曾自述："爱之于我，不是肌肤之亲，不是一蔬一饭，它是一种不死的欲望，是疲惫生活中的英雄梦想。"

杜拉斯的爱情，我们可以分而论之，杜拉斯的爱情和杜拉斯笔下的爱情。她谈论爱情，以欲望为前提。"爱情原来是很像我们去观望的一场烟花。它绽放的瞬间，充满勇气的灼热和即将幻灭的绚烂，我们看着它，想着自己的心里原来有这么多的激情。后来烟花熄灭了，夜空沉寂了。我们也就回家了。就是如此。"

16岁那年，情窦初开的少女玛格丽特·杜拉斯遇见了她的第一个情人。这是一个中国男人，他的出现，帮助杜拉斯一家渡过了生活的难关。16岁的少女收获了一段影影绰绰的爱情，这段往事杜拉斯大半生都缄默不言，直到六十多岁时才提起。

杜拉斯在她的著作中写出了这样的句子："16岁的时候，我就知道有些付出不会有结局。有些人注定不属于自己。那种温柔的惆怅的心情。那种疼痛。"21岁的杜拉斯在法国的法学院读书时，美丽而放荡的她也是浪漫史不断。她不会虚掷任何一段曼妙的时光，也不会错失任何得到爱情的机会。

1939年，25岁的杜拉斯与罗贝尔·昂泰尔姆步入了婚姻的殿堂。她与罗贝尔·昂泰尔姆的相识相爱也颇具戏剧性，罗贝尔·昂泰尔姆是她前一任情人的好友，相识之后两人就陷入了情感的沼泽而不能自拔。

1942年，结婚三年的杜拉斯认识了"美男子"迪奥尼·马斯科洛，并且爱上了他。杜拉斯展现出浑身魅力让迪奥尼·马斯科洛爱上自己。在两人相爱之后，玛格丽特引见迪奥尼认识了昂泰尔姆。这三位"有情人"起先和平共处了一段时间，但在未来的十年里，两人皆陆续离开了杜拉斯的生活。

但是杜拉斯并没有因为感情而困扰，她从未停止她向往爱情、追求激情的生活。甚至到了70岁，她也并不因为自己的年龄而放弃对感情的追求，在72岁时她找到了只有27岁的男友扬·安德烈亚。

看到72岁高龄的杜拉斯出入带着27岁的扬·安德烈亚，尽显恩爱，于是便有记者采访杜拉斯："这应该是你最后一次的爱情了吧？”杜拉斯只是笑微微地回答道：“我怎么知道？”

“也许经历过岁月磨砺的女性不会幼稚到回头去寻觅那个岁月深处的身影，但也无法抑制如云雾般在内心飘浮的激情和渴望。”1996年，杜拉斯长眠于世，只有死亡才能回答的问题便有了答案，这确实是玛格丽特·杜拉斯最后一次爱情了。

这便是杜拉斯充满了爱与激情的一生。

爱情的发生与爱情的消逝使杜拉斯已经看得通透。爱一个人，眼睛里有的是怜惜，而不爱则尽是欲望。欲望作为爱情中不可分割的一部分，到底该如何拿捏，杜拉斯用自己独特的经历与选择，挑战着主流认识。她惊世骇俗的叛逆性格并不是姑娘们青春叛逆期的一阵煦风，而是一场铺天盖地的龙卷风，将各种对女性的世俗偏见裹挟其中。这是散发异光的绚烂的生命，是女权主义锋利的剑刃。

她笔下的人更加彻底，笔下的爱情更加刻骨铭心。

立志成为一名出色作家的杜拉斯，在1942年出版处女作《厚脸皮的人们》，从这部作品开始，杜拉斯的创作便一发不可收拾，紧接着又出版了《静静的生活》《太平洋的波堤》《吉尔布达的水手》等小说。

杜拉斯在他早期的作品中反映着社会的矛盾与人的欲望。但是这些作品并没有给她带来巨大的声名与利益。1959年，著名导演亚兰勒纳请她为他的第一部剧情长片《广岛之恋》撰写电影剧本。后来在亚兰勒纳和杜拉斯的合作下，这部电影被搬上了荧屏。

这部作品在法国声名大噪，创下很高的票房纪录，而杜拉斯的名字也传遍世界。从这开始，杜拉斯的作品走出了国门，她也因此成为享誉国际的作家，她拥有一大批读者，尤其是女性读者。一时间，杜拉斯的作品被拥上时尚潮头，许多人都在模仿杜拉斯的风格进行创作。

在《广岛之恋》后，她又与许多知名导演合作，创作了许多优秀电影、剧作，杜拉斯个人也因此收获了许多奖项。备受肯定的杜拉斯一直勤勉，未曾停下撰写文字的笔。在1965、1968和1984年，杜拉斯分别出版了三部戏剧集。1965年，她还开始了自己的导演生涯。并且杜拉斯在1983年获得了法兰西学院的戏剧大奖。

这样一个不可捉摸的、谜一样的法兰西女性，用她独特、充满魅力的文字征服了世界各地读者的心。杜拉斯有着一颗诗意的心，她的文字是诗意的，她的文章更像是一个诗人的狂欢之作。因为她自身丰富的经历，使得她看穿了人对孤独的逃避与恐惧，她从不在自己的文字中规避什么，而是巧妙地抓住人应对孤独的心态进行创作，去努力刺激人们追问生活以及人生的真实。杜拉斯大部分作品让人感到压抑，文字奇谲，结构破碎。

1984年，杜拉斯的小说《情人》问世，这部作品一经问世便享誉全球。这是一个简单的故事：在殖民地，一个贫穷的白人姑娘和一个富有的中国青年的绝望的爱情故事。文章开篇，这场湄公河上的相遇并非是因为爱情。至少在最初，故事的男女主人公之间，只是一场各取所需的欲望交锋。这是一个时间跨度极大，需要岁月沉淀才能讲出的故事。

这是一部充斥着意识流的小说，她彻底打乱了时空，过去、现在、未来被她信手拈来，时而倒叙、时而插叙，穿插讲述，而维系、贯穿全文的自然是爱情。“心是高高在上的，而身体在下”，男女主人公完成了一场由性欲到爱情的征途。她的每一个字、每一句、每一段都是那么得美好，一旦读过她的书，就会被其吸引，不仅会迷上她的书，也会更进一步迷上这个伟大神秘的女性。

她的人散发着不可抵挡的魅力，她的笔尖也似乎有着一种魔力。一个简单的故事若让玛格丽特·杜拉斯写出，那就拥有了非常高的辨识度，真正地让人见文如见人。我们甚至可以这样说，杜拉斯的作品几乎是她一生风流韵事的生动再现。

她的文字给人痛苦而让人迷恋，杜拉斯就是用这样的特殊气氛征服了世界读者的心。杜拉斯曾说过：“如果我不是一名作家，我会是一个妓女。”或许就是这样一个风风火火、敢说敢做的女性，才能带我们看到最清楚的人性与爱。

5.3 孟小冬：情不知所起，一往而深

“请你放心。我不要你的钱。我今后要么不唱戏，再唱戏不会比你差；今后要么不嫁人，再嫁人也绝不会比你差！”

这是她结束与梅兰芳四年婚姻时留下的话，说完这句话就头也不回地离开了梅兰芳的世界。这是一个性情奇高、一生传奇的女子，她叫孟小冬。随着电影《梅兰芳》的热映，这位有些神秘的梨园女子也渐渐浮出了水面，人们惊喜又疑惑，这孟小冬究竟是何许人也？能嫁与梅兰芳又转嫁杜月笙，且两位都是二十世纪叱咤风云红极一时的大腕级人物。

纵观孟小冬一生，波折流转，颇富戏剧性。然而，仿佛只要提到孟小冬三个字就不可避免地会提及梅兰芳。或许是佳偶天成，或许这就是那时候女子的命数，总是依附男子而活。

孟小冬出生于一个梨园世家，从小就看彻梨园行当，她继承祖业，十几岁时已成为远近闻名的女老生。她扮相威武，唱腔雄壮无雌音，身段矫捷，成为当时北平城里炙手可热的“女公

子”，被誉为“梨园东皇”。

当时梅兰芳唱旦角早已红遍京城，男作女音，扮相华美，楚楚动人。于是在一位银行老板的撮合下，这位“梨园东皇”结识了赫赫有名的“伶届大王”梅兰芳。之后在一次堂会上两人合作演出的《四郎探母》轰动一时，再往后梅兰芳每每演出《四郎探母》《游龙戏凤》都会邀请孟小冬合演，珠联璧合，赢得满堂喝彩。这正是所谓乾旦坤生，颠倒阴阳，其中自有独到之处。

一个女人的梦想能都多大？中国古代时期，讲究三从四德的女子就开始梦想嫁一个如意郎君，她们除了将自己圈在家庭的藩篱没有别的大梦想，因为男女有别的思想已然深入骨髓。在那个时期，也有不少女子曾怀揣着政治理想、文学理想踏入社会，但终究没能得到应有的地位与赞美。

到了近代，妇女解放之风徐徐吹入，逆来顺受的女性开始站起来为自己的权益呐喊，她们不仅要赞赏男人的成功，也需要全社会来成全她们的梦想。但是身为女子，当需要在婚姻与事业之间做出选择权衡时，几乎毫无疑问地会选择家庭婚姻。

孟小冬来到北平开唱之前，在南方已经有了不小的名气，但在当时梨园行流传着一个普遍认可的定律：沪上观众的千声好，不如北平懂行人的一个字。如果只是得到南方观众的好评没有得到北方戏剧界的肯定，很可能会落入“野路子”之流，于是孟小冬坚决要到北平开嗓。

1925年，这位生性刚强的女子，在京城搭台开嗓，一炮而红。当时行内对孟小冬评价非常高，有人曾列举清末民初十位貌美的坤伶与其相较，最终得出结论："无一能及孟小冬。"

她的唱功与身段均得到了界内高度认可，就在事业最风生水起的时候，她却选择了爱情与婚姻。她与梅郎结合，未入梅宅，另辟住处，与梅兰芳住在东城无量大人胡同的一所四合院，结婚之后暂时停止了一切演出。

当时，梅兰芳已经有了两房夫人。大夫人久卧病榻并且丧失了生育能力，二夫人福芝芳不仅伺候大夫人左右，而且梅宅上下都交由她打理。但即便这样，孟小冬依旧无怨无悔地嫁了过去。

但爱情的美好抵不过现实的无奈，两人最终还是劳燕分飞。对孟梅仳离的缘由，坊间流传着各种各样的版本。从冯宅学案到戴孝风波，各种各样的事情已经使得他们的感情疲惫不堪。有着梅夫人的名却不曾踏进梅宅一步，这对任何一个女人来说都是残忍的，更何况是这样一个才貌俱佳又性格强健的女子。

虽然佳人才子，郎才女貌，但是孟小冬面临的这个人不是一个平凡的人，不是一个能将时间与精力过多分付于妻室的人。1930年，梅兰芳访美演出归来，将中国的京剧艺术带出国门，他精美绝伦的演出，让这种使美国人好奇的艺术形式获得了极高的国际声誉。

梅兰芳的高超艺技与才华，早已不是属于某一个人的了。孟小冬的本性天真、率真活泼深深吸引着她的梅郎，她分担着梅兰芳内心的孤独，她是他唯一真正知心的人。但这种分担是梅党们所不能容忍的，他们不允许任何人去影响梅兰芳对戏剧的专注，不愿让孟小冬去分散梅兰芳的注意力，再加上福夫人的强势与梅兰芳的妥协，孟小冬在这段恋情中也是有委屈说不出。

劳燕分飞、曲终人散是这段旷世奇恋的结局。梅党中坚人士一致认为孟小冬为人心高气傲，她需要人服侍，而福芝芳随和大气，可以俯视人。福芝芳与孟小冬无声的博弈以“会服侍人”终结，这是孟梅的结局，也是当时女性地位的生动写照。

为人“心高气傲”的孟小冬选择离开梅兰芳，她没有留下半句乞求怜悯的话语。此后，有梅兰芳现身的演出、堂会、剪裁，孟小冬都避而不见。在这段爱情里，没有胜利的人，也没有失败的人，有的只是两个不同寻常的人的身不由己。

就像电影《梅兰芳》中福芝芳说的：“他（梅兰芳）所有的一切都是从这份孤单里出来的，谁要是毁了他的孤单，谁就是毁了他。”而孟小冬的出现、孟小冬的温情恰好弥补了梅兰芳的孤单，可是，这也意味着梅郎艺术造诣的停滞。

此段破碎的感情给了孟小冬极大的打击，她曾一度欲于天津皈依佛门。然而孟小冬吃斋念佛对当时的舞台和票友都是一个极大的损失，各界都希望她能早日走出阴影踏出佛堂。后在友人的劝解下，孟小冬突然茅塞顿开，醒悟自己不该自暴自弃、脱离舞台，不该使自己的才华泯灭。

于是孟小冬坚毅地从上一段感情伤害中走了出来。1933年，孟小冬亲自写了《孟小冬紧要启事》，用词温和，没有偏激之处。“是我负人？抑人负我？”到底是谁错了？没有明说，也不便明说。“世间自有公论，不待冬之赘言。”半个月后，孟小冬整装修容，这位誉满京城的女老生再一次回到了舞台。

杜月笙是当时上海青帮老大，势力非凡。从1925年开始，这位大佬的目光就已经停留在孟小冬身上，他对她的一举一动都颇为留意。杜月笙迎娶的四夫人姚玉兰就是孟小冬的密友，而姚玉兰有意撮合孟小冬与杜月笙，这样一来，杜孟两人的往来也就频繁了起来。

1936年，黄金大剧院揭幕剪彩，孟小冬答应了杜月笙的邀约，剪裁仪式结束之后，孟小冬就在当地演出二十余场。作为姚玉兰的密友，孟小冬搬去姚玉兰住处与友人同住，一叙姐妹之情。如此一来，孟小冬与杜月笙就有了更多的机会相处。

1937年，日寇侵华，战争风云变幻，杜月笙由沪上移居香港。1938年，孟小冬终于如愿以偿，拜余叔岩为师，成为余叔岩唯一的女弟子。

由于余叔岩体弱多病，拜师后孟小冬一直服侍左右，未有半点怠慢，她的尽心尽力被师傅看在眼里，所以在教授时也没有半分保留，再加上孟小冬超然的天分，她当时的技法已非从前可比，一跃成为梨园中数一数二的老生，成为余派光照门楣之人。如此，孟小冬就成了名正言顺的“东皇”。

1946年，杜月笙回到上海，依旧对孟小冬念念不忘，让朋友致书小冬，希望她能回来。而此时的孟小冬，感受到姚玉兰浓浓的姐妹情谊和杜月笙年复一年的深情厚谊，深深为之打动，于是又来到杜月笙身边。

有传言说，姚玉兰对孟小冬的归来非常开心，曾说“我们姐妹一心，和她们几个苏州女人斗”。从此之后，孟小冬就留下来，以身相许，成了杜月笙的情人。

从与梅兰芳在一起时，孟小冬就始终在追求名分，而这个名分终究没有给予自己。和杜月笙在一起后，也终究只是一个深得宠爱的情人，这对于小冬来说是非常残酷的。由于杜月笙已逾花甲，所以自入杜公馆以来，孟小冬就自觉承担起了侍奉杜月笙的担子。但由始至终，傲岸的孟小冬从未提起过任何要求。

1950年，杜月笙在计算举家迁法需要多少张护照时，孟小冬悠悠地说了一句：“我也去呀，是算丫头还是女朋友？”杜月笙一愣，当即宣布尽快与孟小冬成婚。当时杜月笙已经缠绵于病榻，但他还是支撑着与孟小冬拜堂成亲，孟小冬自然是高兴的，她得到了一生所求的名分。

中国人始终讲究“正名”，所谓名不正则言不顺，在男女关系上尤为如此。纵使高傲的“东皇”也难以逃出这个桎梏。终其一生，这位身世飘零的女公子在事业与爱情上都开出了丰硕的红花。

她是一朵铿锵的花朵，任时代沉浮，也能用自己的方式安度一生。也许她幸运，也许她不幸，可是如此丰盈的人生几人能有？就像她写给读者的信里所说：“世间自有公论，不待冬之赘言。”

5.4 J.K.罗琳：笔尖的魔力狂欢

“我在开往伦敦的拥挤列车上展开个人旅行时，《哈利·波特》就这样进入我的脑中。从六岁开始，我就不间断地写作，但我从未因某个点子而如此兴奋，直到那时。当时，我正面临人生最大的困境，找不到一支笔可以写作，也羞于向人借钱……我没有一支能用的笔，但我认为那真的是个好点子。”

一个生活陷入窘迫的单亲妈妈在困难时期突然萌发的灵感，她握紧自己的笔杆子用了五年的时间来写一部魔幻小说，这部小说成书后，又被多家出版社拒绝，几经辗转才得以出版。这本小说就是如今风靡全球的《哈利·波特与魔法石》，这位女作家就是当红炸子鸡英国女作家J.K.罗琳。

并不是所有的成功者都是天才，J.K.罗琳更像是那种充满灵感并为之付出辛勤的文字工作者。她天马行空的大胆想象与充满魅力的语言，不仅让英国的孩子全面认识了霍格沃茨魔法学校，也让全世界的大孩子、小孩子认识了这个来自女贞路的小男孩——哈利·波特。

1965年7月31日，J.K.罗琳出生在英国格温特郡的一个普通家庭，毕业于英国埃克塞特大学。她从小就是戴着眼镜的“四眼妹”，相貌平平，从小就喜欢讲故事、写文章，六岁的J.K.罗琳就曾写出过一个完整的关于兔子的故事。

高中毕业后，她想进入牛津大学深造，但是没有被录取，于是她选择了在埃克塞特大学完成大学学业，主修古典文学与法语。修习语言与古典文学又给J.K.罗琳后面的创作提供了专业的文学底蕴。

1989年，在曼彻斯特前往伦敦的火车上，一个念头从二十四岁的J.K.罗琳脑海中一闪而过，她捕捉到了自己这瞬间的灵感：那是一个戴着圆形眼睛、骨瘦如柴、额头上有一个闪电形伤疤的小巫师。虽然当时她没有纸笔立刻勾勒出这个小男孩的模样，但是她的脑海中已经有了这样一个小巫师的形象。

在火车晚点的四个小时内，J.K.罗琳的思绪已经离开了现实的生活，进入了那个充满魔幻、惊奇与惊悚的魔法世界。

一个名不见经传的作家创作初期是非常痛苦的，如果没有相当的经济来源去支撑写作，那么对于一个单亲妈妈来讲，创作是痛苦的。当时，J.K.罗琳没有一个优渥的写作环境供她无忧无虑地进行创作，她需要申请政府对于单亲妈妈的补贴来维持生计。

从1990年J.K.罗琳有了这个创作想法到1997年小说问世，这七年来她经历了许多人生的坎坷波折：生活的贫穷、母亲的过世、与第一任丈夫离婚，这每一件事都是对她的狠狠打击。

但是即使在这样的逆境之中，J.K.罗琳仍然没有放弃她的长篇小说《哈利·波特与魔法石》，哈利·波特就像是她的孩子，她对他在外貌、性格、成长等方面的描写仿佛让读者觉得昨天才见过他一般，她成功塑造了这个逼真、生动的人物形象。

一个名叫哈利·波特的小男孩，在襁褓中牙牙学语的幼年，因为一个预言，父母被魔法世界里最黑暗势力的最高统治者——伏地魔残忍杀害。但是这个脆弱的小生命幸存了下来，并且让黑暗势力暂时停止了扩张，这段劫后余生注定了他的不平凡。之后十年，哈利在姨夫家过着寄人篱下饱受虐待的艰辛生活。

直到有一天，他发现自己是魔法师的孩子，并且拥有可以到魔法学校学习的机会。从此，他踏上了这段惊险刺激的魔幻旅程。当他健康快乐地成长起来的时候，渐渐了解到了背负在自己身上的使命，并在身边好友的帮助下展开了各种神秘和未知的冒险，勇敢地与卷土重来的黑暗势力对抗，最终捍卫了魔法世界的和平与宁静。

使他成功战胜伏地魔的，不是什么超高级魔杖，不是什么无与伦比的咒语，不是因为伟人的帮助，仅仅是因为“爱”。爱才是使哈利脚步坚定、勇敢抗争的勇气源泉。爱就是力量，是生生不息的力量。

《哈利·波特与魔法石》出版后，立刻收获了大量好评，获得英国国家图书奖儿童小说奖，以及斯马蒂图书金奖章奖。其后，J.K.罗琳以一年一本的速度继续《哈利·波特》系列图书的创作：1998年出版了《哈利·波特与密室》，1999年出版《哈利·波特与阿兹卡班的囚徒》，2000年出版了《哈利·波特与火焰杯》。

这之后，J.K.罗琳放慢了创作进度，暂作休笔，三年后，也就是2003年，她出版了《哈利·波特与凤凰社》，2005年出版了《哈利·波特与混血王子》，2007年7月7日，J.K.罗琳出版了这个系列的最后一部作品《哈利·波特与死亡圣器》，为整个《哈利·波特》系列图书画上了完满的句号，这部延续了十年的童话到此谢幕。

从1997年到2007年，十年时间，J.K.罗琳用文字为我们，也为世界编织了一个童话。

这不仅仅是一部为儿童而写的“快乐书”，它不仅有快乐，也有痛苦、死亡与毁灭。那些看似光怪陆离的想象却是深深根植于现实生活中的。当我们为书中大胆奇特的想象拍案叫绝的同时，又隐约能看到投射在魔法的奇妙世界中现实世界的影子。

既有正面对爱、友谊、忠诚、勇气、智慧等的肯定，也有负面对偏见、阴谋、权力斗争、欲望的揭露；甚至魔法学校里的学生，同普通学生都有相似之处：大家都是孩子，同样是复杂的功课，同样有写不完的作业。这一切让罗琳的魔法世界没有成为虚无缥缈的空中楼阁，而带有更多的现实意义。

在短短5年内，J.K.罗琳从接受政府救济的贫穷单亲妈妈成为富有的畅销作家。截至2008年，《哈利·波特》系列七本小说被翻译成六十七种文字在全球发行四亿册。这一系列书籍，不仅给J.K.罗琳个人带来了国际性的声誉，大量的出版、再版也给她带来了巨大的经济收益，版税所得达两千多万英镑，更使哈利·波特成为风靡全球的童话人物。

美国华纳电影公司在2001年决定将《哈利·波特》搬上大银幕，在与电影公司的合作中，J.K.罗琳担任了编剧的角色，在哈利·波特系列最后一部电影进行制作时，她还亲自担任了电影监制。

陪伴很多人十年的《哈利·波特》余温未散，而“哈利·波特之母”J.K.罗琳女士在创作上已经进行了转型。她将视野从孩童转移至了成人，正在用心创作适合成年人阅读的“神话”。我们还可以保持期待，崭新回归的J.K.罗琳定会给读者带来新的惊喜。

经历人生大起大落后的J.K.罗琳，已经开始了更深层次的构思。她的新作《临时空缺》原标题是《责任》，然而，当她接触到一本英国当地管理员标准手册时她想到了真正的标题，“我需要用它来检查某些深奥点。在那里，我看到了词组‘临时空缺’，意为在死亡或丑闻时，职位空缺。我马上知道这就是标题。”

她不在乎批评家如何评价《临时空缺》：“我只是需要去写这本书。我很喜欢它，我对它很骄傲，对我来说那才是最重要的。”

J.K.罗琳是一位怀着大爱的女作家。爱是博大的、伟大的力量，爱促使取得成功的J.K.罗琳投身公益事业，她关注贫穷、关注儿童福利，给许多公益活动提供巨额捐款。为了纪念她患多发性硬化症去世的母亲，她又为多发性硬化症协会捐赠了二十五万英镑。

这就是现实版“灰姑娘”的故事，从一个相貌平平、贫困潦倒的单亲妈妈一跃成为财富超过英国女王的作家首富。这又是一个追逐梦想和努力实现的普通故事，这个故事让我们明白灰姑娘是可以通过努力成为万人瞩目的公主的。

在事业取得成绩的同时，她也收获了幸福美满的家庭，如今的她已经是三个孩子的母亲，由于经历过一次失败的婚姻，J.K.罗琳对家庭也变得格外珍惜。

这样一个传奇的英国女性，她存在的意义早已经超越了国度。我们阅读她的书，听她的故事，可以让我们明白只要怀揣着梦想，那么贫困与逆境都只是暂时的，只需努力和坚持，“世纪神话”也许会发生在任何一个平凡的女孩身上。

5.5　小凤仙：风尘里的洁白守望

相比正史的雅正冰凉，野史更能读出人情冷暖。

从正史中你可读出将军诸侯、贵族险要、贞节烈女，而若要细细思量野史风味，方可看出时代真正的面貌，看到真正有血有肉的人。这篇故事的主人翁，就是那些丹青史册绝对不会触笔的风尘奇女子，一个于危难中的爱人、于危难中的国都有着巨大恩情的女性。

她就是名贯全国的名妓小凤仙。现在就让我们听听街巷杂言，翻翻野史笔记，去寻觅她出没于八大胡同的姣姣身影。

小凤仙原名朱筱凤，出生在一个没落的旗人家庭，父亲是一个濒临破产的小官，母亲为侧室，并且身体羸弱早早地便离开了人世。小凤仙母女本来就不受正室的待见，母亲故去之后更甚，在嫡母的不公平对待下，小凤仙无路可走，落入风尘，因其才艺俱佳又颇有姿色，北上后便成了北京八大胡同陕西巷云吉班的一个妓女，靠唱歌接客赚钱来养活自己。

八大胡同何许地也，北京大大小小的胡同不计其数，唯独前门八大胡同备受关注，名噪中外。八大胡同几乎成了烟花柳巷的代名词，大大小小的妓院坐落于此，北京城的各路名妓歌女都汇聚在这几条巷子里。常常来这儿的人也都是京城有头有脸的大人物，不同的达官贵人捧不同的姑娘，所以头牌“红姑娘”是一茬又一茬。

在美女如云各自娇娆的胭脂粉巷中，小凤仙属于相貌平平鲜有人知的那一类，按当时的标准划算只能称作“二等妓女”，来了客人自然也点不到她头上来。更何况，因为小凤仙性格奇谲，让人捉摸不定，经常使客人笑着进去黑着脸出来，弄得老鸨妈妈哭笑不得，自然不对她抱有太大希望。

但就是这么一个出身不好而又无倾国倾城色的女人，凭借自己的胆识与魄力，在民主共和何去何从的朝代交替时节，用自己的爱情与行动，不仅成为云吉班的头牌，名震八大胡同而且誉满全国。

1913年，袁世凯想要颠覆共和的目的越来越明确，非常急于自己登基称帝，民主共和已处于风雨飘摇之时。蔡锷将军当时被诱进京，担任了袁世凯的一些闲职，袁世凯在“军师”杨度的建议下封蔡锷为“始威将军”。

蔡锷是一个政治立场十分坚定的人，当袁世凯复辟的愿望越来越强烈时，他就想要离开北京举义讨伐，袁世凯自然知道放走蔡锷就如同放虎归山，所以派人秘密严加窥探蔡锷将军的一举一动。

在此至关重要的时刻，蔡锷将军与小凤仙相识了。蔡锷并非留恋妓院花酒之人，史称蔡锷与小凤仙相识是出于“狎妓”之名是为了让袁世凯对自己放松警惕。可人非草木孰能无情，就在这场不经意的相会中，一场让后世传得沸沸扬扬的爱情就开出了美丽的花朵。

青云阁内普珍园，这位征战沙场、无时无刻不搅动政治神经的大将军与陕西巷云吉班的小凤仙相识了。那一天，内心积郁的大将蔡锷穿着普通的衣服悠闲踱步至云吉班，老鸨见其衣着平平、神情和顺，以为他只是一个过路的生意人，就随意将他带到了小凤仙阁内。

小凤仙看到蔡锷，立刻惊觉此人并非等闲之辈。问其职业，蔡锷只道是经商。小凤仙一笑置之，说：“我自阅人不少，从没见过你这等风采的，休得相欺。”

蔡锷非常惊讶，一个小女子竟然有此等眼界，便说：“京城繁盛之地，游客众多：王公大臣，不知多少；公子王孙，不知多少；名士才子，不知多少。我贵不及人、美不及人、才不及人，你怎么就说我的风采是独一无二的呢？”

小凤仙悠悠地说道：“现在举国萎靡，无可救药，天下滔滔，国将不国，贵在哪里？美在哪里？才在哪里？我所以独独看重你，是因为你有英雄气概。”

小凤仙又告诉蔡锷，虽然蔡锷来到此处外表看起来十分欢乐开心，但其实内心非常阴郁烦闷。“我虽是一届女流，但如若不嫌弃，你大可以告诉我，或许我可以为你解忧，希望你能不要把我看成是青楼贱物。”小凤仙直白地表露了心迹。

但此时的蔡锷，哪里敢随便展露心迹，他对于眼前这个聪慧伶俐的女子只能支支吾吾，话不能尽说。小凤仙断定眼前这个人绝非等闲之辈，就想要他赐自己一副对子，不等蔡锷同意，她已经径自去取了宣纸与笔墨，蔡锷不好推辞，便执笔写下了“自是佳人多颖悟，从来侠女出风尘”。

如此荡气回肠充满英雄气概的对子立刻打动了小凤仙的心，她便不依不饶地请蔡锷留下大名。“你我虽贵贱悬殊，但你非需隐姓埋名之辈”，这样的柔情与爱慕让蔡锷竟不知如何推辞，就署名“松坡”。

小凤仙见状，方知眼前这位贵客是蔡大将军。她问蔡锷来京缘由，蔡锷回答是为贪图功名。听到这里，小凤仙毫不掩饰厌恶之情，下了逐客令：“你去做那华歆、荀彧，好好侍候曹操吧！我的陋室龌龊，容不下你这富贵中人！”虽然蔡锷吃了这逐客令，但内心对这位风尘女子也是另眼相看了。

与此同时，袁世凯加紧了他的复辟进度，对蔡锷的监视与笼络也日益剧增。蔡锷为了掩袁世凯等人的耳目，开始了自己“堕落”的声色生活，因为小凤仙是一位可以放心托付的人。

于是，云吉班便成了蔡锷放纵声色之地，谁人都知道蔡锷将军识得了一位云吉班的美人儿。云吉班每天张灯结彩，姑娘们浓妆艳抹接待蔡锷将军宴请的贵客。当时，北京有头有脸的人物和八大胡同最有姿色的妓女都齐聚云吉班，夜夜歌舞，日日笙箫。

某日深夜，客人散尽，小凤仙红着双颊对蔡锷说：“夜深了，不如就在此歇下吧，我的房间还没有留过男人过夜。”那一晚，红烛高照，纯洁娇娆的小凤仙依偎在自己深爱着的男人怀中，有情人终成眷属。

力主共和、反对帝制的蔡锷将军突然性情大变，这让世人大为猜忌。有人认为蔡锷已经臣服袁世凯，想要成为开国大将而贪图一世富贵，更多的是世人对小凤仙的唾弃，“红颜祸水”的叫骂声此起彼伏。

但是这样的掩人耳目还是没有让北洋政府对他放心，多次试探过后，蔡锷决定先转移母亲妻儿，自己再逃离北京，他策划了许多计谋但都不能顺利进行，到最后他还是想到了他的红颜知己小凤仙。

蔡锷与小凤仙愈发如胶似漆，先是大兴土木为小凤仙新建住处，后又公开题字给小凤仙，这一切行动深深刺激到了蔡锷原配刘侠贞的心。她多次哭诉，并且疾言厉色地警告蔡锷“酒色戗身”。

“恼羞成怒”的蔡锷先是将家具砸个稀巴烂，后又对刘侠贞拳脚相加，这大闹蔡宅的举动搞得北京城人尽皆知。夜不归宿的蔡锷让母亲与妻儿忍无可忍，便说我们老人孩子回湖南老家好了，让你留在香闺称心如意。于是，刘侠贞便带着孩子与蔡锷的母亲南下回了老家。过了许久，明眼人才发现，这原来是蔡锷、小凤仙与刘侠贞唱的一出苦肉计，只为了使家人平安离开北京。

时局紧张，当时身体欠佳的蔡锷知道北京已经不宜久留，便与小凤仙一起密谋布局，使自己脱身。小凤仙想要不离不弃地跟随蔡锷，但蔡锷说同行多有不便，日后定来相迎，在与小凤仙同游之时跳上了南下的列车。

1915年11月，蔡锷离京赴津，后东渡日本，经台湾、香港、越南，抵达昆明。他始终决心以武力“为四万万人争人格”，确立了护国讨袁的战役决策。

为了那句“日后定来相迎”，痴情的小凤仙一直在等待。

虽然此时她的大名已经名噪京师，许多名流想来一睹芳容，但她一律避而不见，她想要对蔡锷从一而终，但她等到的又是什么呢?

1916年11月8日上午，因为积劳成疾、久病无医，正值青年时期的蔡锷将军于日本逝世。得到这个消息时，小凤仙悲痛欲绝，内心的伤痛已经无以宣泄。之后，小凤仙就从八大胡同消失了，音信全无。

新中国成立后，李镇海娶了隐姓埋名的小凤仙。她过了不到十年平常人的生活便匆匆离世，享年54岁。

5.6　南丁格尔：为了那些需要拯救的眼睛

她被称为“提灯女神”；她在无数黑暗与寂静中给挣扎在病痛中的人予温暖；为了事业，她选择终身不嫁；她为人们创造了一个令人尊敬的职业，叫“护士”；她是英国人的骄傲。

她不是别人，她就是近代护理学奠基人——南丁格尔。

她注定是属于世界的，1820年5月12日，母亲在旅游途中把她生下来，因为此地是意大利首都佛罗伦萨，所以她的名字叫作弗洛伦斯·南丁格尔。

南丁格尔出生在一个很富裕的家庭，父亲是一名统计师，并且精通英、法、德、意四门语言，熟谙数学，对音乐、绘画和自然科学也颇有造诣。在父亲的指引下，她自幼读了很多文学名著，可以说，家境的富裕与优良给了南丁格尔美好的童年。

可是，当富丽的家庭却与外界的贫穷形成鲜明对比，这样极大反差的环境并没有让她喜爱安逸舒适的生活，相反，南丁格尔对那些贫穷的人们产生了极大的同情心。

少年时期的她就怀着一颗坚定的济世行善的意志，在一次欧洲大陆旅行之后，她发现当时英国医院的护理情况极为恶劣，并且护士的形象普遍是受尊敬，往往是一些粗陋老化的女人，她们无知且粗笨，更不要说去执行医疗任务。

1843年，南丁格尔一家去茵幽别墅消夏避暑，看着别墅外面的人过着穷苦的生活，她不顾家人反对，义无反顾地去帮助那些穷人，可是母亲却坚决认为，一个富家小姐是不应该花更多的时间在这些事情上的。

当时的英国战争频繁，社会秩序不堪，医院被看作脏乱、残破、堕落甚至邋遢的代名词。然而，在南丁格尔的心里，最可怕的不是医院那令人毛骨悚然的环境，而是医院护士们素质的低下和不好的名声。

1845年，南丁格尔和父亲一起去看望生病已久的祖母，没想到的是祖母竟然在她的照料下变得精神矍铄，因此，在一次次经历中，南丁格尔更加坚定了自己的信心，也证明了自己的能力。

但同时，她也明白，护理并非是一件简简单单的照顾人的事情，而是需要专业的学习，然而家庭的压力却让她无法成功地去拜师学艺，那个年代，护士这个行业不仅有失贵族身份，对于一个女子来说并不是一件光鲜的事情。于是，她只能偷偷地研究这方面的书籍，为了不让母亲察觉，她只能每天早晨花一个小时去学习，还要对母亲每天布置的家务不能有丝毫懈怠。

南丁格尔是一个美丽有魅力的女孩，庄重大方的她很受人赞赏，她也因此得到很多爱情的橄榄枝。但是对于爱慕者的求婚，她却这样说：“我注定是个漂泊者。为了我的使命，我宁可不要婚姻，不要社交，不要金钱。”

谁知这是怎样的勇气，对于一个女子来说，只是希望从事业中取得满足，在她心里，婚姻不是必然的因素，也不是唯一的归宿，事业才是，梦想才是。在此后的几年中，她始终执着于自己的追求，但是一直得不到家人的理解和支持，她并没有因此而灰心，反而更加努力，在学习期间，她深深懂得，要为病人做好护理工作，要为他们减轻痛苦，需要付出辛勤的劳动。

1850年，为了理想，南丁格尔不顾家人的反对，去德国接受护理训练；1853年，她受聘担任伦敦患病妇女护理会的监督。也正是因为她的这种坚持，终于感动了父亲，父亲的态度由开始的反对到后来的支持，因为他见证了南丁格尔这份坚定的信念。

在这期间，南丁格尔护理过很多病人，经历了克里米亚战争，在这场战争中，南丁格尔显示出卓越的治事才能，她通过不断努力，使得前线伤兵的死亡率从40%降至2%，就当时的医疗条件来说，这简直可以算是一个奇迹，她的这一贡献让当时的国人震惊。

起初，医师基于传统的认识，根本就不让护士们涉足病房，南丁格尔的勤奋以及积极付出最终使得战地医院的条件大大改善，她自己出钱为医院筹资，买必需物品。

她还建立护士巡视制度，每天工作二十几个小时，每当夜幕降临时，她总是提着一盏灯出现在各个病房之中，想必在无数个伤员眼里，她的那盏灯充满温情，曾带给他们无数希望，因此，她也被伤员们亲切地称为“提灯女士”。

基于她在这场战争中的忘我精神和积极奉献，以及巨大功劳，使得护士这个行业得到大众认可，并且从此确定了这个行业的重要性。

1856年，她从战争中撤离，返回英国，政府给了她很隆重的迎接仪式，但是她却化名悄悄避开了，回到家乡，她说：“我不要奉承，只要人民理解我。”

随之而来的，是更多人的嘉奖和鼓励，伦敦社会名流自发成立南丁格尔基金会，她用这些公众捐来的钱在英国创建了世界上第一所正规护士学校——南丁格尔护士学校，她所做的多方面努力使得她无愧成为现代护理教育的奠基人，在护理制度、统计与卫生改革等方面，她作出了巨大的贡献，并且还对医院建筑和医院管理提出了很多建设性的意见。

在此期间，南丁格尔还写了几本关于护理方面的专著，如《医院摘要》《护理摘要》，这些书籍成为当时的畅销书籍，许多人纷纷购买，这些书籍在当时被称为医院改革的权威版本，不仅盛行于本土，而且在美国也很畅销。

这些都足以证明南丁格尔当时巨大的影响力以及卓越的贡献，她坚定的信念终于在这一刻迸发出了结果，很多曾经质疑她、质疑护士行业的人也都发自内心地佩服与感动。

人生如此，在不断奔走的过程中，会经历风雨与嘲笑，甚至是贬低，很多人葬身于嘲笑和诋毁之中，他们原本该有一定的决心和勇气，或者说出发的时候做好的足够的心理准备，但是，在真正开始经历风雨之时，才发现坚持并非想象中那么简单，最后选择退缩。

南丁格尔的义无反顾和承受压力与非议的勇气并非常人所拥有的，她曾受到社会各界的质疑，也曾遭到亲人的反对，然而，她那颗对伤者充满爱怜的心无法停止对目的地的向往，是仁爱之心，是对这个世界上的人们充满的爱让她愿意付出有关自己的一切，乃至婚姻，对一般女人来说这幸福的历程。

马克思曾对南丁格尔做过这样的评价："在当地找不到一个男人有足够的毅力去打破这套陈规陋习，能够根据情况的需要，不顾规章地去负责采取行动。只有一个人敢于这样做，那是一个女人，南丁格尔小姐。"这样的评价于她最为合适不过，后人也许无法想象她的勇敢和大刀阔斧的决心是来源于对人的爱，不求回报，不求名利，更不求与个人有关的幸福。

由于她的影响，护士这个行业受到越来越多人的尊敬，越来越多的人投身于此。做一个好护士，是她平生的唯一夙愿，这个夙愿影响过几代人，跨越国界，因此，世人把她的生日那天，5月12日，设为国际护士节。

因为这个节日，更多的人抱着同样的爱心、责任心、细心和耐心从事这份职业，今天，“白衣天使”们继承这种精神，并且将此发扬光大。

南丁格尔把自己的一生都奉献给了护理事业，从小那份崇高的道德理想终于化成现实，她做到了，冲破重重障碍，抱着一个信念，一个为他人做一件有益的事情的信念，将梦想回归于实现之中，载于后世，留在人们心中。

1907年，爱德华七世授予她丰功勋章，众所周知，她是第一个得到此类勋章的女性，实至名归，她的一生历经整个维多利亚时代，这个风起云涌的时代，像她那样把整个身心献给别人的人真可谓是凤毛麟角，然而她做到了，她以自己非凡的毅力和决心开创了现代护理事业，被称为最尊敬的圣母。

1910年，南丁格尔在睡眠中溘然长逝。燃烧自己，照亮别人，这是这位伟大的女性留给护理事业以及整个人类的精神财富。

5.7 石评梅：真正的情路上没有孤魂

也许是那零落的秋风无法吹散残落的碎云，在湿润的黯淡里安静地呈现无法忘怀的悲情，年轻的心在流动的血液里沸腾，散发的温热时时刻刻触动着每一次的心跳。

那样的韶华里，好似花开的季节，暮雨的淅淅沥沥是凝结的晶莹的露珠，滴落着忧伤。曾经的感动依然不能忘记，或者说无法忘记，是什么支撑那每一次泪水的湿润和眼神的滞停，是石评梅如空谷幽兰的高洁，在很多的时候是以怎样的心情来回首曾经的痛楚与无奈，所有那些如烟的过往依然凛冽。

如清空新月般的才女，却似流星一般，从天空划落，虽然玉殒香消，她的那份灵气儿却成了永远无法抹去的痕迹，留在了历史的上空，与青天白云、萋萋芳草相映照。

石评梅，一位天资聪慧、多才多艺的民国才女，出生于书香世家，父亲石铭是清末举人，故而自幼便得文章翰墨的熏陶滋养，她自小就是父母的掌上明珠，跟随父亲学习四书、学习诗经等经典，深受文学气息的熏陶。

石评梅是一位善感的女子，她总是能捕捉到心灵间的每一次轻轻的触动。或许每一个人的内心都有一种气质。然而石评梅那种气质却滋养在深沉的情感中，这份深沉不是简简单单的厚而重，而是一种深入骨子与灵魂的陶醉。生命能有如此的灵性，便如一位踏雪而归的诗人，在苍茫的背后透露出丝丝凄凉。

石评梅不仅深受家教影响，而且在太原师范附小、太原女子师范的学习成长，更让她明白“安得广厦千万间，大庇天下寒士俱欢颜”的人文关怀。在那样一个黑白交替的时代，太多的构造，让人们饱受碰撞，留下太多的磨难与遭遇。

青年时代的她与众多的青年一样满腔报国热情，志怀人间正义、天下安康，敌人的冷血，让他们的血热了。五四运动带来的新生的气息在那样的一个时代流转，那是对历史尊严的见证，它的召唤在呼应着每一位热血青年，那时的石评梅的挚诚在每一次，很多时候都是对那个时代的问候，正是她的这份热血和孤清，在以后的生活中便是坚贞，便是高尚，如寒冬腊月破冰绽放的梅花般彻骨的美。

古都北京给她带来了生命的壮丽，北京女子高等师范学校的生活更是给她带来了无限的希望，在那里，她结识了冯沅君、苏雪林、庐隐、陆晶清等。在那个战火纷纭的岁月里，“五四”的活力与张扬让她们心血澎湃，她们共同开会、演讲、畅饮、赋诗，在黑暗中点亮精神解放的明灯，“狂笑，高歌，长啸低泣，酒杯伴着诗集”。

也是在那里，她遇见了已有家室的吴天放，那是初恋，是饱含苦楚的恋爱，最后她也不得不放弃那段爱情。但她追求爱情的真挚，追求爱情的纯净，这种勇气不是每个女子都能做到的。无论何时她都能做真实的自己，这是一个勇往直前，在漫天的浑浊的气息中依旧满身素洁的傲然女子。

她的真诚好像寒冬的冰雪给人以庄严的同时，却沁人心脾，在她的知己庐隐的著作中，我们好像呼吸着“五四”时期的空气，看见石评梅瘦弱却又朝气蓬勃的身影，看见那些追求生命的价值，追逐人生的梦想。

热情然而空想的青年们不畏恐惧地奋斗，但却只能在书中苦闷地徘徊，他们生活在那个历史交替的时代，曾经更迭的王朝让他们感受到了思想的禁锢。

石评梅和高君宇都是那个年代的优秀青年，他们是作家，愿意用手中的笔去改造整个社会；他们是革命活动家，从不惧怕那些很多人都恐惧的黑暗。他们高风亮节、纯情俊逸，他们拥有共同理想，在艰难的岁月里，他们共患难，无数次面对生活带来的恐惧和生命的威胁，这种情谊于今天的人们是无法理解的，那段他们共同走过的执着追求的路，今天依然是无数人追逐的方向。

忠贞不渝是两个灵魂的相遇与融合，那千载难逢、金坚玉洁的生死恋情，是生命的永恒，在今天的时空里他们的精神依然弥漫。在高君宇的墓碑上刻着“我是宝剑，我是火花。我愿生如闪电之耀亮，我愿死如彗星之迅忽”。这是那个时代的革命志士人生的抱负，是他们生命价值的呈现，是的，他们的爱情也如闪电似彗星，却是天空中的永恒的绚烂，即使今天依然映照在人们的记忆中。

1923年的秋天，石评梅留在了女子师范，她也是在这个时候结识的高君宇，虽然彼此相互敬爱，然而石评梅始终停留在过去的悲痛中，既不能忘记悲痛，又对未来的感情产生了忧虑，那时的青年们，特别是像高君宇和石评梅这样的青年们，他们胸有匡国之志，他们相信爱情是生命的融合。

在相处的几年间，他们相互关怀，虽然拥有革命的友谊，但也在默默间产生了真挚纯洁的爱情，可以想象，革命的气息早已浓密，旧时代的势力依然强烈，似乎是一个炽热的氛围，煎熬着所有的人。

高君宇是革命战士也是一个诗人，曾经在红叶上写下真挚的诗句，那是他内心真实的独白，他的深沉在红叶间传承，传承着对石评梅刻骨铭心的爱情，然而石评梅依然不能接受他。

在她的心里，并不是没有感情，只是曾经感情的挫折在她心里留下了太深的创伤，好似折断的花蕊，已经落下晶莹露珠的无奈。

1925年，高君宇病危，石评梅真心相许，细心地照料，此时她已经走出了曾经的伤痛。其实很多时候，要明白一件事，需要一定的时刻，一定的境况，一场非同寻常的经历，或者是一次灵魂的触动。

可惜此时的高君宇已经病危，不久之后就病逝了，那是一个勇敢忠诚的29岁的生命，石评梅遵照他生前的嘱咐，将他的遗体安葬在了陶然亭畔。在他墓碑上石评梅写下了这样的文字：“君宇！我无力挽住你迅忽如彗星之生命，我只有把剩下的泪流到你坟头，直到我不能来看你的时候。”

这便是“天长地久有时尽，此恨绵绵无绝期”的深情。

今天在北京陶然亭公园中央岛西北山麓的丛林之中，在园中的西湖之畔，还可以看见两幢依然洁白的汉白玉石碑，那便是高君宇与石评梅的墓地。

在高君宇去世后，每个星期石评梅都会前来，抱着墓碑悲悼泣诉，直到她去世的那一天，她人生的两次恋爱都是以悲剧告终，这给石评梅造成了深深的打击。

或许很多时候大家都会想，人总是要向前走的，生命之中也会有太多的际遇，有欢笑，有清静，有悲泣，也有痛苦，人生就像一场旅行，总不能把一切的一切都带上，这样就会给生活太重的包袱，人生，总是有遗憾的。

多少年以后我们回味的那些遗憾依然美好，可对于石评梅那样的女子来说，她把所有的感情都放在了灵魂的深处，没有虚假，没有掩饰，于爱情她是沁入骨髓的，这是一个性格坚贞的女子对生命的真诚，她是一个诗人，她可以写下让人悲泣滴血的诗句，因为她用自己内心真实的情感去描绘每一个感动的瞬间，每一个深刻的画面。

“我爱，我原想追回那美丽的皎容，祭献在你碧草如茵的墓旁，谁知道青春的残蕾已和你一同殉葬。”或许生命之中，总会遇到那么一个人，他愿意为你付出一切，甚至是生命，这是一个伟大的情感，这样的人值得珍惜，这样的人值得付出，但这样的人可遇不可求，要懂得珍惜。

1928年9月18日，石评梅因为终日伤心，加上革命事业的操劳，猝患脑膜炎，医治无效，于9月30日死于当年高君宇病逝的协和医院，或许在那一刻她是最明白的，那时，她没有悲伤，没有恐惧，因为很快她就可以与高君宇终年相伴。曾经

“生前未能相依共处，愿死后得并葬荒丘”的愿望在她去世以后实现了。

在石评梅的一生中，有太多的感动与深情，而凄凉的结局却是无比得壮美，在每一个年华都让人感动不已，在真正的情路上没有孤独，因为心中充斥着热忱。